NATURFÜHRER

SCHMETTERLINGE

NATURFÜHRER

SCHMETTERLINGE

PAUL STERRY
ANDREW MACKAY

DK
DORLING KINDERSLEY

DORLING KINDERSLEY
London, New York, Melbourne,
München und Delhi

DK LONDON
Bildredaktion Ina Stradins
Bildbetreuung Vanessa Thompson
Lektorat Angeles Gavira
Redaktion Georgina Garner
DTP-Design Adam Shepherd
Fotoredaktion Neil Fletcher
Illustrationen Andrew Mackay
Herstellung Elizabeth Cherry,
Melanie Dowland
Chefbildlektorat Phil Ormerod
Cheflektorat Liz Wheeler
Artdirector Bryn Walls
Programmleitung Jonathan Metcalf

DK DELHI
Design Kavita Dutta, Malavika Talukder,
Indrani Parker, Angshuman De
Redaktion Sheema Mookherjee,
Dipali Singh, Glenda Fernandes
Fachliche Beratung Anita Roy
Redaktionsassistenz Chumki Sen,
Bhavna Seth
DTP-Design Balwant Singh,
Sunil Sharma, Jessica Subramanian
DTP-Koordinator Pankaj Sharma
Kartographie Ashwani Tyagi,
Suresh Kumar
Chefbildlektorat Aparna Sharma

Für die deutsche Ausgabe:
Programmleitung Monika Schlitzer
Projektbetreuung Gerald Fiebig
Herstellungsleitung Dorothee Whittaker
Herstellung Verena Salm

Bibliografische Information Der Deutschen Bibliothek
Die Deutsche Bibliothek verzeichnet diese Publikation
in der Deutschen Nationalbibliografie;
detaillierte bibliografische Daten sind im Internet über
http://dnb.ddb.de abrufbar.

Titel der englischen Originalausgabe:
Pocket Nature: Butterflies and Moths

Übersetzung Eva Sixt

ISBN 3-8310-0670-9

Colour reproduction by Colourscan, Singapore
Printed and bound by South China Printing C.
Ltd., China

Besuchen Sie uns im Internet
www.dk.com

INHALT

Aufbau des Buches

Dieses Buch behandelt 320 der in Europa häufigen Tag- und Nachtfalter und wurde vor allem für die Beobachtung in freier Natur konzipiert. Das Buch ist in zwei Kapitel unterteilt: Tagfalter und Nachtfalter. Die Tagfalter sind nach Farben und meist nach Familien aufgeführt, sodass ähnlich aussehende Arten beieinander stehen, was Vergleiche erleichtert. Die Nachtfalter sind nach Familien aufgeführt.

▽ EINFÜHRUNG DER GRUPPE

Jedes der beiden Kapitel beginnt mit einer Einführung, die die charakteristischen Merkmale der Gruppe beschreibt. Fotos repräsentativer Arten verdeutlichen die Vielfalt.

▷ GANZSEITIGE EINTRÄGE

Arten, die komplexe Merkmale aufweisen oder besonders interessant sind, werden ganzseitig dargestellt.

ANMERKUNGEN

Auffallende Merkmale oder Verhaltensweisen, die die Bestimmung erleichtern, und Hintergrundinformationen sind hier aufgeführt.

KAPITELÜBERSCHRIFT

Im Kapitel »Tagfalter« ist hier die Farbkategorie angegeben.

DEUTSCHER NAME

WISSENSCHAFTLICHER NAME

BESCHREIBUNG

Hier sind die charakteristischen und arttypischen Merkmale des Falters aufgeführt.

VARIATIONEN

Zusätzliche Abbildungen zeigen Unterschiede zwischen Flügelober- und Unterseite oder Männchen und Weibchen.

GRÖSSENVERGLEICH

Um die Flügelspannweite der Art zu verdeutlichen, ist eine Umrisszeichnung des Falters neben der dieses Buches dargestellt. Siehe Kasten oben rechts.

RAUPE

Eine Illustration zeigt das Jugendstadium des Falters. Da die Größe der Raupen nicht gut dokumentiert ist, werden geschätzte Maximallängen angegeben.

▽ ARTBESCHREIBUNGEN

Eine typische Seite beschreibt zwei Arten. Jeder Eintrag ist nach demselben leicht zugänglichen Schema aufgebaut. Ein großes Foto zeigt die Art in ihrer natürlichen Umgebung. Kleine Aufnahmen zeigen die verschiedenen Geschlechter oder verdeutlichen Details. Anmerkungen, ein Größenvergleich, eine Karte und ein Kasten mit wichtigen Informationen vervollständigen den Eintrag.

GRÖSSENVERGLEICH

Zwei kleine Maßstabszeichnungen sollen die Flügelspannweite der Art verdeutlichen. Die Schemazeichnung des Buches steht für dieses Bestimmungsbuch, das 19 cm hoch ist, der Umriss des Falters repräsentiert die beschriebene Art.

FAMILIE

BILD DES LEBENSRAUMS

Es zeigt den Lebensraum, in dem Sie die Art am wahrscheinlichsten beobachten.

BESCHREIBUNG DES LEBENSRAUMS

Sie gibt den Lebensraum an (ggf. auch mehrere), in dem der Falter vorkommt.

FOTOGRAFIEN

Sie zeigen die Art in ihrer natürlichen Umgebung und in typischer Haltung.

BILDTEXT

Hier werden besondere Merkmale der Art hervorgehoben.

KARTEN

Die Färbung der Karte zeigt, wo der Falter vorkommen kann. Manche Arten sind in einigen Teilen dieses Gebiets jedoch häufiger als in anderen. Bei Tagfaltern ist die Verbreitung gut erforscht, bei Nachtfaltern weiß man meist nur, in welchen Ländern sie nachgewiesen wurden. Daher sind die Karten im Kapitel Tagfalter etwas detaillierter.

SYMBOLE

Um die verschiedenen Ansichten oder Männchen und Weibchen zu kennzeichnen, sofern diese sich optisch unterscheiden, werden Symbole verwendet.

Weibchen ♀ *Männchen* ♂

Oberseite ◓ *Unterseite* ◒

WEITERE WICHTIGE INFORMATIONEN

Dieser Kasten vermittelt kompakte Informationen zu den folgenden Punkten:

FLÜGELSPANNWEITE: *Die Spannweite bei ausgebreiteten Flügeln von einer Flügelspitze zur anderen*

FLUGZEIT: *Die Monate, in denen der Falter aktiv ist und beobachtet werden kann; die Zahl der Generationen, falls bekannt, und ob der Falter überwintert*

AKTIVITÄT: *Nur bei Nachtfaltern angeführt; gibt an, ob die Art auch tagaktiv ist*

NAHRUNG DER RAUPE: *Die Pflanzen, an denen die Raupe frisst; auch die wissenschaftlichen Namen der Pflanzen sind angegeben.*

ÄHNLICHE ARTEN: *Schmetterlinge, die der beschriebenen Art ähneln, sind aufgeführt, Unterschiede oft hervorgehoben.*

VORKOMMEN: *Häufigkeit der Art im Verbreitungsgebiet*

Anatomie

Tag- und Nachtfalter sind Insekten, die die Gruppe – oder Ordnung – der Lepidoptera bilden. Die wörtliche Bedeutung dieses Begriffes ist »Schuppenflügler«, denn die Flügel fast aller Arten dieser Gruppe sind mit winzigen Schuppen besetzt, die den Flügeln ihre Farben und Muster verleihen. Wie bei anderen Insekten besteht der Körper eines Falters aus drei Teilen: dem Kopf mit Augen, Mundwerkzeugen und Antennen, dem Thorax, wo Flügel und Beine ansetzen, und dem Abdomen mit lebenswichtigen Organen wie dem Fortpflanzungs- und Verdauungssystem.

Die Oberseite

Bei der Nahrungsaufnahme und beim Sonnen halten manche Schmetterlinge ihre Flügel ausgebreitet. Von oben sind die Hinterflügel teilweise von den Vorderflügeln bedeckt, wie weit, variiert von Art zu Art. Auch die Intensität der Sonne spielt hier eine Rolle. Die Flügel werden durch Adern versteift, die oft durch kräftige Färbung betont sind. Meist sind die Flügeloberseiten bunter als die Flügelunterseiten.

FLUGZEIT
Wie alle Tagfalter ist der Schwalbenschwanz (Abbildung) ausschließlich tagaktiv. Die Nachtfalter hingegen sind meist nachtaktiv, manche Arten fliegen aber auch am Tag oder in der Dämmerung.

Die Unterseite

Fast alle Tagfalter – einige Dickkopffalter bilden die Ausnahme – ruhen mit über dem Rücken zusammengelegten Flügeln, die Flügeloberseiten liegen dabei Seite an Seite. In dieser Stellung sind die für ausgewachsene Insekten typischen drei Beinpaare sichtbar, und die Hinterflügel überdecken die Vorderflügel zu einem bestimmten Teil, der oft mit dem Grad der Wachsamkeit oder der Kältestarre zusammenhängt. Manche Tagfalter zeigen die Flügeloberseite ausschließlich im Flug. Wenn sie Nahrung aufnehmen oder ruhen, falten sie die Flügel.

RUHEN
Anders als bei Nachtfaltern sind bei fast allen Tagfaltern beim Ruhen die Flügelunterseiten sichtbar.

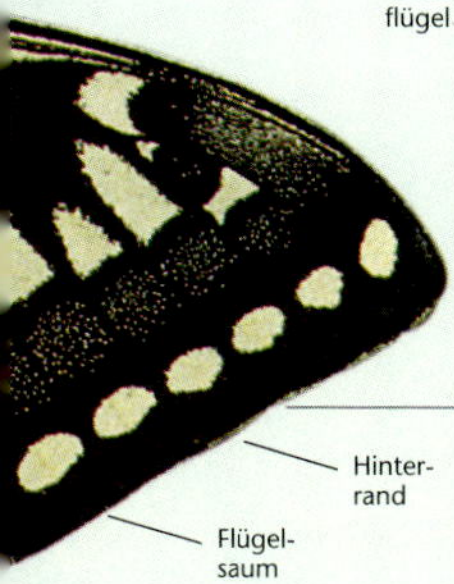

FADEN- ODER KEULENFÖRMIG?
Die Antennen der Nachtfalter laufen zu einer Spitze aus. Bei den Männchen vieler Arten sind sie auch gefiedert. Die der Tagfalter sind keulenförmig verdickt.

Nachtfalter

Nachtfalter ruhen mit dachförmig über dem Körper zusammengelegten Flügeln, das Abdomen ist verdeckt. Von oben sind die Hinterflügel von den Vorderflügeln bedeckt und werden nur sichtbar, wenn das Insekt gestört wird. Manche Nachtfalterarten breiten die Flügel aus, wenn sie etwa auf Baumrinde ruhen. Die Flügeloberseiten der Vorderflügel sind oft so gezeichnet, dass das Insekt perfekt getarnt ist. Manche Nachtfalter ähneln welken Blättern, andere mit Flechten bewachsener Rinde.

Bestimmung

Manche Schmetterlingsarten sind einfach zu bestimmen, etwa das Tagpfauenauge (S. 90), dessen einzigartige Zeichnung unverkennbar ist. Bei einigen Gruppen, besonders bei Bläulingen, Dickkopffaltern und Augenfaltern, ähneln sich viele Arten stark. Anhand der äußerlichen Merkmale wie Färbung und Flügelform, dem Lebensraum und der geographischen Verbreitung kann jedoch auch ein Anfänger mit etwas Geduld fast jede Art bestimmen.

Farben und Muster

Die Flügel sind die auffälligsten Körperteile des Schmetterlings, und ihre Farben und Muster sind gute Bestimmungsmerkmale. Einige Merkmale, wie Augenflecken und kontrastreiche Bänderung, sind in freier Natur gut zu erkennen. Andere sind unauffälliger. Sie erfordern eine nähere Betrachtung und etwas Erfahrung. Achten Sie auf die Form und Position der Muster und die Unterschiede von Flügelober- und unterseiten.

KLEINER EISVOGEL

BLÄULING

TAGPFAUENAUGE

BLAUSIEB

GROSSER FEUERFALTER

ÖSTLICHER GESPRENKELTER WEISSLING

ESPARSETTEN-BLÄULING

BAUMWEISSLING

KURZSCHWÄNZIGER BLÄULING

GROSSER SCHILLERFALTER

ROTES ORDENSBAND

TOTENKOPFSCHWÄRMER

Flügelform

Die Flügelform variiert stark von Art von Art, da sie in erster Linie der jeweiligen Flugweise angepasst ist. Einige Arten haben breite, runde Flügel, die ihnen ausgedehnte Gleitflüge ermöglichen. Andere haben schmale, gewinkelte Flügel, der Flug ist dann meist schwirrend. Die Form kann auch zur Tarnung dienen. Ein ruhender Zitronenfalter (S. 54) ähnelt in Umriss und Färbung einem jungen Blatt.

ERDBEERBAUMFALTER

C-FALTER

KLEINER FUCHS

ZAHNFLÜGEL-BLÄULING

SCHWARZER TRAUERFALTER

DICKKOPFFALTER

SENFWEISSLING

GRASGLUCKE

KOHLMOTTE

GEMEINES BLUTSTRÖPFCHEN

GEISSBLATT-GEISTCHEN

HORNISSEN-GLASFLÜGLER

Größe

Anhand der Größe können ähnliche Arten oft unterschieden werden. Im Gelände können zwar oft keine genauen Messungen vorgenommen werden, zum Vergleich kann die Größe jedoch geschätzt werden.

FLÜGEL-SPANNWEITE
3 cm

PERLBINDE
Diese Art sieht aus wie ein Scheckenfalter, ist jedoch viel kleiner und gehört nicht direkt zu dieser Gruppe.

FLÜGEL-SPANNWEITE
4,4–4,8 cm

WACHTELWEIZEN-SCHECKENFALTER
Diese Art ist viel größer und aktiver und gehört zu den Scheckenfaltern.

Variationen

Einige Arten weisen geringe Variationen auf. Alle Tagpfauenaugen z.B. wirken fast identisch. Bei anderen Arten sehen die verschiedenen Generationen völlig unterschiedlich aus, und manchmal findet man stark unterschiedliche Färbungsvarianten.

GENERATIONEN
Die Oberseiten der ersten und zweiten Generation des Landkärtchens unterscheiden sich stark.

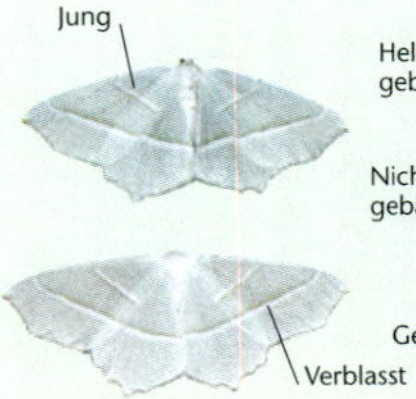

ABNUTZUNG
Ältere Individuen des Silberblattes wirken im Vergleich zu jungen Exemplaren verblasst.

VARIABLE FORMEN
Der Doppellinien-Zwergspanner ist sehr variabel und kommt in unterschiedlichen Formen vor.

Geschlechter

Bei einigen Arten unterscheiden sich die Geschlechter in der Färbung und Musterung. Bei anderen sind die Unterschiede weniger deutlich. Die Männchen einiger Nachtfalter beispielsweise, wie die des Doppellinien-Zwergspanners, können an den gefiederten Antennen erkannt werden. Die der Weibchen sind nicht gefiedert.

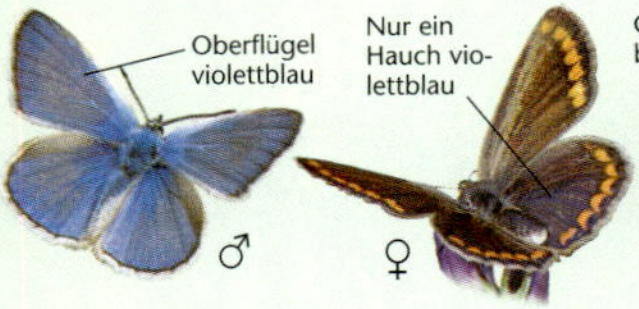

GEMEINER BLÄULING

KIRSCHENSPANNER

Ruhehaltung

Die Flügelhaltung einer Art, wenn sie ruht, hilft bei der Bestimmung. Einige Tagfalter zeigen in Ruhe ihre Oberseiten nie. Manche halten die Flügel flach, andere leicht geöffnet. Nachtfalter falten die Vorderflügel meist so über dem Körper, dass die Hinterflügel und das Abdomen nicht sichtbar sind.

Lebensraum

Obwohl einige Tag- und Nachtfalter in einer Vielzahl unterschiedlicher Lebensräume vorkommen, stellen die meisten ganz bestimmte Ansprüche an ihr Habitat. Oft ist die Nahrungspflanze der Raupe ausschlaggebend. Bei eng an einen bestimmten Lebensraum gebundenen Arten kann dieser ein wichtiges Bestimmungsmerkmal sein.

TIEFLAND
Der Geißklee-Bläuling ist an Heidegebiete im Tiefland gebunden.

HOCHLAND
Der ähnliche Bläuling Plebejus pylaon *kommt auf Hochlandwiesen vor.*

BERGHÄNGE
Den Alpenweißling findet man an höher gelegenen Hängen.

HÜGELLAND
Der Östliche Gesprenkelte Weißling lebt an tiefer gelegenen Hängen.

FRÜCHTE
Verfaulende Früchte sind eine wichtige Quelle für Flüssigkeit und Nährstoffe.

BLÜTEN
Blütenreiche Lebensräume bieten ausreichend Nektar.

SCHUTZ
Der Kleine Fuchs überwintert oft in Dachstühlen und Gartenhäusern.

Verbreitung

Ähnliche Arten können oft aufgrund ihrer unterschiedlichen Verbreitungsgebiete unterschieden werden. In vielen Fällen sind die Gebiete klar umgrenzt und weit voneinander entfernt.

SÜDLICH
Der Hochalpen-Perlmutterfalter lebt auch südlich der Alpen.

NÖRDLICH
Der Perlmutterfalter Boloria freija *kommt in Skandinavien vor.*

Schmetterlinge

Der Ordnung Lepidoptera gehören weltweit über 165000 Arten an, und etwa 12 Prozent davon sind Tagfalter. In Europa kommen einige Hundert Tagfalterarten in unterschiedlichsten Lebensräumen vor. Die meisten Tagfalter haben faszinierende Muster oder prächtige Farben, die zur Tarnung dienen oder Feinde abschrecken können. Arten, die zur gleichen Familie gehören, haben meist zahlreiche Merkmale gemeinsam. Das Männchen des Wundklee-Bläulings etwa (unten) kann sofort als ein Mitglied der Familie der Bläulinge identifiziert werden. Tagfalter sind tagaktive, sonnenliebende Insekten und fliegen selten an kalten, bewölkten Tagen oder bei Regen.

WUNDKLEE-BLÄULING

BROMBEER-ZIPFELFALTER

DICKKOPFFALTER

OCHSENAUGE

Kurzschwänziger Bläuling

Everes argiades (Lycaenidae)

Er hat einen kleinen Schwanz, der oft schwer sichtbar ist. Die Oberseiten der Männchen sind bläulich violett, die der Weibchen braun. Beide haben bläulich graue Unterseiten mit orangefarbenen Flecken am Hinterrand. In warmen Jahren kommen sie nördlich ihres Verbreitungsgebietes vor.

VORKOMMEN: *Im Tief- und Hügelland auf Wiesen, an Wegrändern und in blütenreichem Grasland*

FLÜGELSPANNWEITE *2,5–3 cm*
FLUGZEIT *April–September, zwei, manchmal drei Generationen*
NAHRUNG DER RAUPE *Hornklee* (Lotus), *Klee* (Trifolium) *u. a. Schmetterlingsblütler*
ÄHNLICHE ARTEN Cupido alcetas *(unten)*, Zizera minima *(S. 17)*
VORKOMMEN *Verbreitet und oft häufig*

Bläuling

Cupido alcetas (Lycaenidae)

Dieser Bläuling ruht häufig in der Sonne, sodass man ihn gut beobachten kann. Der kleine Schwanz am Hinterflügel ist im Gelände oft schwer zu sehen. Nur die Männchen haben bläuliche Flügeloberseiten, die der Weibchen sind dunkelbraun. Die hellgrauen Flügelunterseiten tragen bei beiden Geschlechtern schwarze Flecken.

VORKOMMEN: *Sonnige Wiesen und blütenreiche Wegränder, von 0 bis 1250 m Höhe*

FLÜGELSPANNWEITE *3–3,2 cm*
FLUGZEIT *April–September, meist zwei oder mehr Generationen*
NAHRUNG DER RAUPE *Bunte Kronwicke* (Coronilla varia) *u. a. Schmetterlingsblütler*
ÄHNLICHE ARTEN Everes argiades *(oben)*, Zizera minima *(S. 17)*
VORKOMMEN *Lokal häufig*

Bläuling

Cupido decoloratus (Lycaenidae)

Zur Bestimmung ist hier auf kleinste Details zu achten. Fehlendes Orange auf der Flügelunterseite und ein kleiner Schwanz am Hinterflügel unterscheiden die Art von anderen Bläulingen. Männchen haben auf dem Vorderflügel außerdem eine kleine dunkle Linie oder einen dunklen Fleck.

VORKOMMEN: *Grasland mit Blüten, auch Wegränder und mit Gras bewachsene Hänge unter 500 m Höhe*

Raupe nicht ausreichend bekannt

FLÜGELSPANNWEITE *2,5 cm*
FLUGZEIT *April–September, mehrere Generationen*
NAHRUNG DER RAUPE *Schneckenklee* (Medicago), *Luzerne* (Medicago sativa)
ÄHNLICHE ARTEN Everes argiades *(S. 15)*, Cupido alcetas *(S. 15)*
VORKOMMEN *Lokal häufig*

Kleiner Alpenbläuling

Cupido osiris (Lycaenidae)

Ihn sieht man meist, wenn er sich in der Sonne wärmt. Die Männchen haben bläulich violette Flügeloberseiten, die Weibchen dunkelbraune, manchmal fast schwarze. Beide haben bläulich violette Flügelunterseiten mit kräftigerem Blau an der Flügelbasis.

VORKOMMEN: *In blütenreichen Wiesen im Hügelland und an Berghängen in 500 bis 2000 m Höhe*

FLÜGELSPANNWEITE *2,5–3 cm*
FLUGZEIT *Mai–Sept., eine oder zwei Gen.*
NAHRUNG DER RAUPE *Esparsette* (Onobrychis)
ÄHNLICHE ARTEN Zizera minima *(rechts)*, Celastrina argiolus *(S. 23)*, Polyommatus semiargus *(S. 28)*
VORKOMMEN *Lokal, oft in kleinen Kolonien*

Zwergbläuling

Zizera minima (Lycaenidae)

Dieser Bläuling ist an sonnigen Tagen sehr aktiv. Es ist nicht leicht, ihn im Flug zu verfolgen, da er sehr klein ist und einen schwirrenden Flug hat. Bei beiden Geschlechtern ist die Grundfarbe der Flügeloberseite schwärzlich braun, nur beim Männchen ist vor allem die Flügelbasis blau bestäubt. Die hellgrauen Flügelunterseiten tragen bei beiden schwarze Flecken. Raupen und Puppen sind mit Ameisen vergesellschaftet.

VORKOMMEN: *In blütenreichem Grasland, meist auf Kalkböden; typischerweise an warmen, sonnigen Hängen*

♂◓

◓

♀◓

ANMERKUNG

An warmen, sonnigen Tagen kann man den Zwergbläuling beim Trinken an Pfützen beobachten. Wenn das Wasser knapp ist, sammeln sich dort oft ein Dutzend oder mehr Falter. Auch menschlicher Schweiß zieht den Falter an, deshalb nähert er sich oft dem Gesicht oder Hals des Beobachters.

FLÜGELSPANNWEITE *2–2,5 cm*
FLUGZEIT *Mai–August, ein oder zwei Generationen*
NAHRUNG DER RAUPE *Vorwiegend Wundklee* (Anthyllis vulneraria)
ÄHNLICHE ARTEN Everes argiades *(S. 15)*, Cupido osiris *(links)*
VORKOMMEN *Verbreitet und oft häufig*

Bläuling

Glaucopsyche melanops (Lycaenidae)

VORKOMMEN: *In Heideland und Hartlaubgebüsch mit sonnigen Lichtungen vom Tiefland bis in 1200 m Höhe*

Dieser Bläuling ist aktiv und wärmeliebend. Das Männchen hat blaue Oberseiten, das Weibchen dunkelbraune bis fast schwarze, an der Flügelbasis blau bestäubt. Die Raupen sind oft mit Ameisen vergesellschaftet.

FLÜGELSPANNWEITE *2,5–3 cm*
FLUGZEIT *April–Mai*
NAHRUNG DER RAUPE *Ginster* (Genista), *Backenklee* (Dorycnium) *und andere Schmetterlingsblütler*
ÄHNLICHE ARTEN Celastrina argiolus *(S. 23),* Glaucopsyche alexis *(S. 25)*
VORKOMMEN *Lokal, aber nicht selten*

Graublauer Bläuling

Lycaena baton (Lycaenidae)

VORKOMMEN: *Sonnige Hänge mit kurzer Vegetation, vom Tiefland bis in 1500 m Höhe*

Er kommt meist im Hochland vor. Das Männchen hat hellblaue Oberseiten, das Weibchen dunkelbraune, an der Basis bläulich bestäubte. Die Raupen ähneln Nacktschnecken. Die Falter trinken gerne an Blüten des Alpen-Thymians.

FLÜGELSPANNWEITE *2,5–2,8 cm*
FLUGZEIT *April–Mai, zweite Generation August–September*
NAHRUNG DER RAUPE *Alpen-Thymian* (Thymus polytrichus)
ÄHNLICHE ARTEN Scolitantides orion *(rechts),* Scolitantides panoptes *(rechts)*
VORKOMMEN *Verbreitet, aber lokal*

Bläuling

Scolitantides panoptes (Lycaenidae)

Diese Art unterscheidet sich farblich leicht vom Graublauen Bläuling (links). Die Oberseiten des Männchens sind tiefer violettblau, die dunklen Ränder sind schmaler und deutlicher begrenzt. Beim Weibchen sind die Oberseiten braun. Die Flügelunterseiten sind bei beiden dunkler grau.

VORKOMMEN: *An grasbewachsenen Hängen (oft Viehweiden) zwischen 1000 und 2000 m*

Raupe nicht ausreichend bekannt

FLÜGELSPANNWEITE *2,5 cm*
FLUGZEIT *Mai–Juli*
NAHRUNG DER RAUPE *Thymian* (Thymus)
ÄHNLICHE ARTEN Lycaena baton *(links), der blasser blaue Flügeloberseiten hat und sich schwerfälliger bewegt*
VORKOMMEN *Relativ häufig, aber nur auf der Iberischen Halbinsel*

Fetthennen-Bläuling

Scolitantides orion (Lycaenidae)

Hier sind die Flügelunterseiten attraktiver als die schmutzig graubraunen Oberseiten. Bei Männchen ist die Flügelbasis blauviolett bestäubt, besonders bei skandinavischen Populationen. Dagegen tragen die hellgrauen Unterseiten schwarze Punkte und die Hinterflügel ein orangegelbes Band.

VORKOMMEN: *An trockenen, steinigen Berghängen und Felsen mit kurzer Vegetation*

FLÜGELSPANNWEITE *3 cm*
FLUGZEIT *Mai–Juli*
NAHRUNG DER RAUPE *Fetthenne* (Sedum)
ÄHNLICHE ARTEN Lycaena baton *(links),* Abraxas grossulariata *(S. 173)*
VORKOMMEN *Sehr lokal in voneinander getrennten Regionen, da er sehr spezielle Ansprüche an seinen Lebensraum stellt*

VORKOMMEN: *In trockenen, offenen Lebensräumen wie Heideland, grasbewachsenen Hängen und Dünen vom Tiefland bis in 2000 m Höhe*

Geißklee-Bläuling

Plebejus argus (Lycaenidae)

An Sonnentagen fliegt er von einer Blüte zur nächsten und verweilt jeweils nur kurz. Die Männchen haben violettblaue Oberseiten. Ausmaß von Färbung und dunklem Rand variieren nach geographischer Verbreitung. Weibchen haben vorwiegend braune Oberseiten. Beide Geschlechter haben hellgraue Unterseiten, bei Weibchen meist etwas dunkler. Die Flügel tragen viele Flecken und ein orangefarbenes Band, die schwarzen Punkte auf den Hinterflügeln sind in der Mitte schimmernd grün.

ANMERKUNG

Der Geißklee-Bläuling sonnt sich meist am frühen Morgen und am Spätnachmittag. Zu diesen Zeiten kann man den schnell fliegenden Bläuling am besten beobachten, auch über längere Zeitspannen hinweg . Oft sieht man ihn auf Büscheln von Heidekraut (Calluna) *sitzen.*

FLÜGELSPANNWEITE *2,4–3 cm*
FLUGZEIT *Mai–August, im Süden oft eine zweite Generation im September*
NAHRUNG DER RAUPE *Heidekraut* (Calluna), *Stechginster* (Ulex), *Sonnenröschen* (Helianthemum) *und Hornklee* (Lotus)
ÄHNLICHE ARTEN Scolitantides orion *(S. 19)*, Plebejus pylaon *(S. 26)*, Plebejus idas *(S. 26)*, Plebejus argyrognomon *(S. 27)*
VORKOMMEN *Verbreitet und lokal sehr häufig*

Heller Alpenbläuling

Plebejus orbitulus (Lycaenidae)

Die Art kommt v.a. in den Alpen vor. Männchen haben auffällige, leuchtend blaue Oberseiten mit dunklen Rändern, die Farbe variiert aber. Die Oberseiten der Weibchen sind tiefbraun. Beide haben hellgraue Unterseiten mit hellen Flecken an den Hinterflügeln.

VORKOMMEN: *Nur in Grasland zwischen 1000 und 3000 m; Nahrungspflanze der Raupe benötigt feuchten Boden.*

FLÜGELSPANNWEITE *2,5–3 cm*
FLUGZEIT *Juni–August*
NAHRUNG DER RAUPE *Alpen-Tragant* (Astragalus alpinus)
ÄHNLICHE ARTEN Polyommatus bellargus, *nur Flügeloberseiten (S. 32)*
VORKOMMEN *In seinem begrenzten Verbreitungsgebiet recht häufig*

Dunkler Alpenbläuling

Plebejus glandon (Lycaenidae)

Der Dunkle Alpenbläuling nutzt jede Gelegenheit zum Sonnen: Er öffnet seine Flügel weit, um sich zu wärmen. Die Oberseiten des Weibchens sind braun, die des Männchens haben himmelblaue Flecken. Bei beiden sind die Unterseiten graubraun mit weißen und schwarzen Punkten.

VORKOMMEN: *An Hängen mit Bergmatten, die im Winter schneebedeckt sind*

FLÜGELSPANNWEITE *2,5–3 cm*
FLUGZEIT *Juli–August*
NAHRUNG DER RAUPE *Alpen-Troddelblume* (Soldanella alpina) *und Mannsschild* (Androsace)
ÄHNLICHE ARTEN *Im Verbreitungsgebiet keine, da er in großer Höhe vorkommt*
VORKOMMEN *Lokal recht häufig*

VORKOMMEN: *Nur an Gebirgshängen bis 2500 m Höhe mit kurzer, spärlicher Vegetation*

Eros-Bläuling

Polyommatus eros (Lycaenidae)

Die Art trinkt an Pfützen und sonnt sich oft mit geöffneten Flügeln. Männchen haben schimmernde himmelblaue Oberseiten, die Weibchen braune. Beide haben hellgraubraune Unterseiten mit schwarzen und orangefarbenen Flecken.

FLÜGELSPANNWEITE *2,5–3 cm*
FLUGZEIT *Juni–August*
NAHRUNG DER RAUPE *Vor allem Tragant* (Astragalus)
ÄHNLICHE ARTEN Polyommatus dorylas *(S. 29)*, Polyommatus icarus *(S. 30)*, Polyommatus eroides, *der meist kleiner ist*
VORKOMMEN *Lokal und selten häufig*

VORKOMMEN: *In blütenreichem Grasland, typischerweise auf Wiesen im Hochland, manchmal auch im Tiefland*

Vogelwicken-Bläuling

Polyommatus amandus (Lycaenidae)

Das Männchen hat himmelblaue Oberseiten, die des Weibchens sind vorwiegend braun. Bei beiden sind die Unterseiten graubraun mit schwarzen und orangefarbenen Flecken. Man sieht diesen Bläuling oft an Pflützen und Kuhfladen trinken.

FLÜGELSPANNWEITE *4 cm*
FLUGZEIT *Juni–Juli*
NAHRUNG DER RAUPE *Vogel-Wicke* (Vicia cracca) *und Esparsette* (Onobrychis)
ÄHNLICHE ARTEN Polyommatus escheri *(S. 29)*, Polyommatus dorylas *(S. 29)*, Polyommatus coridon *(S. 31)*
VORKOMMEN *Lokal häufig, v. a. in Hügeln*

Faulbaum-Bläuling

Celastrina argiolus (Lycaenidae)

VORKOMMEN: *In unterschiedlichen Lebensräumen (Wälder, Gärten, Felshänge), in denen die Nahrungspflanzen der Raupen wachsen*

Der Faulbaum-Bläuling ist bekannt, da er in Gärten, in denen Efeu und Stechpalme wachsen, oft vorkommt. Beide Geschlechter haben blaue Oberseiten, bei Weibchen heller als bei Männchen. Die dunklen Flügelränder sind bei Weibchen größer und bei der zweiten Generation ausgeprägter. Die hell bläulich weißen Unterseiten beider Geschlechter haben kleine schwarze Flecken.

ANMERKUNG

Faulbaum-Bläulinge trinken meist keinen Nektar, sondern Honigtau. Während sie Nahrung aufnehmen, nehmen sie einen Beobachter kaum wahr. Wenn der Schmetterling über Blätter läuft, kann man ihn gut von nahem beobachten.

FLÜGELSPANNWEITE *3 cm*
FLUGZEIT *April–Mai und August–September in zwei getrennten Generationen*
NAHRUNG DER RAUPE *Für die erste Generation v.a. Stechpalme* (Ilex), *für die zweite v.a. Efeu* (Hedera)
ÄHNLICHE ARTEN *Das Männchen von* Cupido osiris *(S. 16), dessen Flügelränder aber nicht gewürfelt sind*
VORKOMMEN *Verbreitet und häufig*

VORKOMMEN: *In unterschiedlichen blütenreichen Lebensräumen, aufgrund seiner Wanderungen fast überall*

Großer Wanderbläuling

Lampides boeticus (Lycaenidae)

In den meisten Jahren kommt der Wanderfalter nördlich seines Verbreitungsgebietes vor. Wenn er rastet, ist selten die bei Männchen violettblaue und bei Weibchen schwärzlich braune Oberseite sichtbar. Die häufiger sichtbare bräunliche Unterseite hat bei beiden Geschlechtern grauweiße Bänder an den Vorderflügeln und zwei Augenflecken an den Hinterflügeln. Letztere tragen lange Schwanzanhänge.

ANMERKUNG

Es wandern auch ältere Falter, deren Färbung nicht mehr frisch ist. Wenn nur die bräunliche Unterseite sichtbar ist, kann daher ein ungeübter Beobachter diesen Bläuling für einen Zipfelfalter halten.

FLÜGELSPANNWEITE *3,5 cm*
FLUGZEIT *Mai–Oktober, in zwei oder drei Generationen*
NAHRUNG DER RAUPE *Zahlreiche Schmetterlingsblütler (Mitglieder der Familie* Fabaceae*)*
ÄHNLICHE ARTEN Leptotes pirithous *(rechts), der an der Unterseite des Hinterflügels kein helles Band hat*
VORKOMMEN *In seinem Verbreitungsgebiet häufig; taucht gelegentlich anderswo auf*

Kleiner Wanderbläuling

Leptotes pirithous (Lycaenidae)

Dieser Wanderfalter zeigt selten seine Oberseiten, die beim Männchen meist violettblau, beim Weibchen braun sind. Beide haben gebänderte Unterseiten mit je zwei bunten Augenflecken und Schwanzanhängen.

VORKOMMEN: *Sonniges, blütenreiches Grasland. Als Wanderfalter taucht er innerhalb des Verbreitungsgebietes fast überall auf.*

FLÜGELSPANNWEITE *2,5 cm*
FLUGZEIT *März–November, mehrere Gen.*
NAHRUNG DER RAUPE *Geißklee* (Cytisus), *Lupine* (Lupinus) *und andere Schmetterlingsblütler*
ÄHNLICHE ARTEN Lampides boeticus *(links)*
VORKOMMEN *Im Süden häufig und verbreitet, weiter nördlich seltener*

Alexis-Bläuling

Glaucopsyche alexis (Lycaenidae)

Die Art hat graubraune Unterseiten, die schwarze Punkte mit weißen Ringen tragen und an der Basis grün getönt sind. Die Oberseiten sind beim Männchen violettblau, beim Weibchen dunkelbraun. Sie werden aber selten gezeigt.

VORKOMMEN: *Im Hügel-, aber auch Tiefland in blütenreichem Grasland und Hartlaubgebüsch*

FLÜGELSPANNWEITE *3,5 cm*
FLUGZEIT *April–Mai*
NAHRUNG DER RAUPE *Geißklee* (Cytisus), *Luzerne* (Medicago sativa) *und andere Schmetterlingsblütler*
ÄHNLICHE ARTEN Celastrina argiolus *(S. 23)*, Polyommatus semiargus *(S. 28)*
VORKOMMEN *Verbreitet und meist häufig*

Bläuling

Plebejus pylaon (Lycaenidae)

Dieser sonnenliebende Hochland-Bläuling variiert stark in der Färbung innerhalb des Verbreitungsgebietes (v.a. Männchen), die Flügeloberseiten sind jedoch immer violettblau getönt. Weibchen haben dunkelbraune Flügeloberseiten. Beide Geschlechter haben Unterseiten in hellem Graubraun mit dunklen Flecken.

VORKOMMEN: *Niedrig fliegend über blütenreiches Grasland, meist an Berghängen*

Raupe nicht ausreichend bekannt

FLÜGELSPANNWEITE *3–3,5 cm*
FLUGZEIT *Mai–Juli*
NAHRUNG DER RAUPE *Tragant* (Astragalus)
ÄHNLICHE ARTEN Plebejus argus *(S. 20)*, Plebejus idas *(unten)*, Polyommatus bellargus *(S. 32)*
VORKOMMEN *Verbreitet, kommt aber nur lokal vor*

Ginster-Bläuling

Plebejus idas (Lycaenidae)

Diese Art sieht man oft, wenn sie sich sonnt. Die Färbung der Männchen variiert stark. Weibchen haben braune Oberseiten. Die Unterseiten beider Geschlechter sind hellgrau mit schwarzen Flecken und einem orangefarbenen Band.

VORKOMMEN: *Fliegt niedrig in offenem Grasland, vom Tiefland bis zu tiefer liegenden Berghängen*

FLÜGELSPANNWEITE *3 cm*
FLUGZEIT *Juni–Juli*
NAHRUNG DER RAUPE *Schmetterlingsblütler einschließlich Hornklee* (Lotus) *und Wicke* (Vicia); *in den Alpen Sanddorn* (Hippophae)
ÄHNLICHE ARTEN Plebejus argus *(S. 20)*, Plebejus argyrognomon *(rechts)*
VORKOMMEN *Verbreitet und häufig*

Kronwicken-Bläuling

Plebejus argyrognomon (Lycaenidae)

Der Kronwicken-Bläuling hat etwas hellere Flügelunterseiten als der Ginster-Bläuling, dafür ist das orangefarbene Band ausgeprägter und von runden statt pfeilförmigen Flecken eingefasst. Männchen haben violettblaue Oberseiten, Weibchen braune.

VORKOMMEN: *In blütenreichem Grasland und an Berghängen bis 1500 m Höhe*

FLÜGELSPANNWEITE *3–3,2 cm*
FLUGZEIT *Juni–Juli*
NAHRUNG DER RAUPE *Bunte Kronwicke* (Coronilla varia) *u.a. Schmetterlingsblütler*
ÄHNLICHE ARTEN Plebejus argus *(S. 20),* Plebejus idas *(links)*
VORKOMMEN *Verbreitet und lokal häufig; selten so zahlreich wie der ähnliche* P. idas

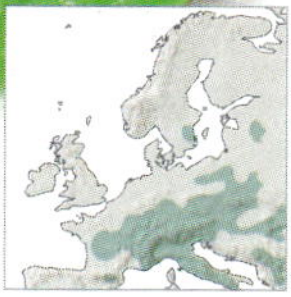

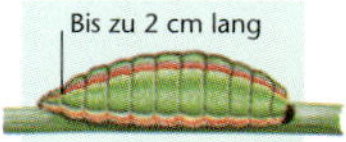

Hochmoor-Bläuling

Plebejus optilete (Lycaenidae)

Er ist leicht zu beobachten, da er tief und schwerfällig fliegt und sich mit geöffneten Flügeln niederlässt. Männchen haben violettblaue Oberseiten, Weibchen braune. Beide haben graubraune Unterseiten mit dunklen Flecken.

VORKOMMEN: *In Mooren; in den Alpen bis in 2500 m Höhe, im Norden des Verbreitungsgebietes auch im Tiefland*

FLÜGELSPANNWEITE *2,5 cm*
FLUGZEIT *Juli–August*
NAHRUNG DER RAUPE *Gewöhnliche Moosbeere* (Vaccinium oxycoccos)
ÄHNLICHE ARTEN *Keine*
VORKOMMEN *Durch die Zerstörung oder Trockenlegung von Mooren ist diese Art selten geworden und kommt nur noch lokal vor.*

Violetter Wald-Bläuling

Polyommatus semiargus (Lycaenidae)

Die Unterseiten sind kaum gezeichnet. Die Oberseiten, beim Männchen violettblau und beim Weibchen braun, sind häufig sichtbar, denn der Falter sonnt sich gerne mit ausgebreiteten Flügeln. An warmen Tagen sammeln sich Gruppen an Pfützen.

VORKOMMEN: *In blütenreichen Wiesen und an Wegrändern, vom Tiefland bis 2000 m*

FLÜGELSPANNWEITE *3 cm* ♂◐
FLUGZEIT *Juni–Juli*
NAHRUNG DER RAUPE *Klee* (Trifolium), *Wundklee* (Anthyllis) *und weitere Schmetterlingsblütler*
ÄHNLICHE ARTEN Cupido osiris *(S. 16), auf den Flügelunterseiten dunkler gezeichnet*
VORKOMMEN *Verbreitet und meist häufig*

Esparsetten-Bläuling

Polyommatus thersites (Lycaenidae)

Die Oberseiten des Männchens sind violettblau, die des Weibchens braun mit orangefarbenen Flecken auf den Hinterflügeln. Beide haben graubraune Flügelunterseiten mit orangefarbenen Flecken. Anders als der Gemeine Bläuling (S. 30) hat die Art keinen dunklen Fleck in der Mittelzelle der Unterseite.

VORKOMMEN: *An grasbewachsenen, blütenreichen Plätzen, von Wegrändern bis zu Wiesen an tiefer gelegenen Berghängen*

FLÜGELSPANNWEITE *3–3,2 cm*
FLUGZEIT *Mai–August, zwei oder mehr Generationen*
NAHRUNG DER RAUPE *Esparsette* (Onobrychis)
ÄHNLICHE ARTEN P. icarus *(S. 30)*
VORKOMMEN *Verbreitet und im Süden seines Verbreitungsgebietes meist häufig*

Bläuling

Polyommatus escheri (Lycaenidae)

Die Männchen fallen mit leuchtend blauen Flügeloberseiten beim Sonnen auf. Die Weibchen sind oben düster braun, was die orangefarbenen Flügelränder betont. Beide haben graubraune Unterseiten mit schwarzen und orangefarbenen Flecken.

VORKOMMEN: *In Bergregionen bis in 2000 m Höhe, im Tiefland an blütenreichen Stellen*

FLÜGELSPANNWEITE *3,5–4 cm*
FLUGZEIT *Juni–August*
NAHRUNG DER RAUPE *Tragant* (Astragalus) *und Esparsette* (Onobrychis)
ÄHNLICHE ARTEN Polyommatus amandus *(S. 22)*, Polyommatus icarus *(S. 30), mit Fleck in der Mittelzelle der Flügelunterseite*
VORKOMMEN *Verbreitet und häufig*

Wundklee-Bläuling

Polyommatus dorylas (Lycaenidae)

Diese Art lebt nur im Hochland. Das Männchen hat himmelblaue Flügeloberseiten, während die des Weibchens tiefbraun sind. Bei beiden Geschlechtern sind die Flügelunterseiten hell graubraun und tragen orangefarbene und auffällige schwarze Flecken, die am Vorderflügel am größten sind.

VORKOMMEN: *An sonnigen, blütenreichen Hängen, typischerweise zwischen 1000 und 2000 m*

FLÜGELSPANNWEITE *3,2 cm*
FLUGZEIT *Mai–August*
NAHRUNG DER RAUPE *Klee* (Trifolium) *und Schneckenklee* (Medicago)
ÄHNLICHE ARTEN Polyommatus eros *(S. 22)*, Polyommatus amandus *(S. 22)*
VORKOMMEN *In der richtigen Höhenlage verbreitet und oft häufig*

Gemeiner Bläuling

Polyommatus icarus (Lycaenidae)

VORKOMMEN: *In unterschiedlichem Grasland, wo die Nahrungspflanzen der Raupen wachsen, vom Tiefland bis über 2000 m Höhe*

Der häufigste Bläuling Mitteleuropas variiert farblich etwas, doch haben die meisten Männchen blaue, leicht violett getönte Oberseiten. Die der Weibchen sind braun mit orangefarbenen Flecken und unterschiedlich ausgeprägter violettblauer Bestäubung an der Flügelbasis. Die graubraunen Unterseiten beider Geschlechter tragen orangefarbene und schwarze Flecken mit weißen Ringen.

FLÜGELSPANNWEITE *3,2 cm*
FLUGZEIT *April–Oktober, in mehreren Generationen*
NAHRUNG DER RAUPE *Gewöhnlicher Hornklee* (Lotus corniculatus) *und andere Schmetterlingsblütler*
ÄHNLICHE ARTEN Polyommatus eros *(S. 22)*, Polyommatus thersites *(S. 28)*, Polyommatus escheri *(S. 29) ohne schw. Fleck in Mittelzelle d. Unters.*, Polyommatus belargus *(S. 32) mit weißem Fleck auf Unters.*
VORKOMMEN *Verbreitet und häufig*

ANMERKUNG

Man sollte sich den Gemeinen Bläuling gut einprägen, bevor man schwierigere Bläulingsarten zu bestimmen versucht. Er ist die häufigste Bläulingsart und kann als Anhaltspunkt dienen, um Verwechslungen zu vermeiden.

Silbergrüner Bläuling

Polyommatus coridon (Lycaenidae)

Dieser sonnenliebende Bläuling ist typisch für Wiesen auf Kalkboden. Das Männchen hat leuchtend himmelblaue Oberseiten, die oft sichtbar sind, wenn es Nektar saugt oder in der Sonne sitzt. Das Weibchen ist unauffälliger und hat dunkelbraune Oberseiten. Die Hinterflügel tragen eine Reihe orangefarbener, weißer und schwarzer Augenflecken. Wie bei vielen Bläulingsarten sind die Raupen mit Ameisen vergesellschaftet.

VORKOMMEN: *Nur in blütenreichen Wiesen auf Kalkboden, weil nur hier die Nahrungspflanze der Raupen wächst*

ANMERKUNG

Die Färbung dieser Art variiert sehr stark. So kann v.a. der dunkle Rand der Flügeloberseiten beim Männchen unterschiedlich breit sein. Die himmelblaue Grundfarbe der Flügeloberseiten der Männchen und der typische Lebensraum sind zur Bestimmung hilfreich.

FLÜGELSPANNWEITE *4 cm*
FLUGZEIT *Juli–August*
NAHRUNG DER RAUPE *Gewöhnl. Hufeisenklee* (Hippocrepis comosa)
ÄHNLICHE ARTEN Polyommatus amandus *(S. 22), der einen auffallenden schwarzen Fleck auf der Unterseite des Vorderflügels hat;* Polyommatus hispana *(S. 32), dessen Flugzeit unterschiedlich ist*
VORKOMMEN *Verbreitet und oft lokal häufig in Lebensräumen, die die speziellen Ansprüche dieser Art erfüllen*

Bläuling

Polyommatus hispana (Lycaenidae)

VORKOMMEN: *Auf sonnigen Wiesen und grasbewachsenen Hängen; typischerweise auf Kalkboden, vom Tiefland bis 1000 m Höhe*

Er ähnelt dem Silbergrünen Bläuling (S. 31), fliegt aber zu anderer Zeit. Männchen haben teilweise hellblaue Oberseiten, Weibchen dunkelbraune mit orangefarbenen Flecken am Rand. Die graubraunen Unterseiten beider Geschlechter tragen schwarze und orangefarbene Flecken.

FLÜGELSPANNWEITE *4 cm*
FLUGZEIT *April–Mai und September, zwei Generationen*
NAHRUNG DER RAUPE *Bunte Kronwicke* (Coronilla varia) *u.a. Schmetterlingsblütler*
ÄHNLICHE ARTEN Polyommatus coridon *(S. 31), der im Juli und August fliegt*
VORKOMMEN *Lokal häufig*

Himmelblauer Bläuling

Polyommatus bellargus (Lycaenidae)

VORKOMMEN: *In Grasland auf Kalkboden, wo die Vegetation kurz gehalten wird*

Das Männchen hat blaue Oberseiten mit gewürfeltem Rand, das Weibchen braune Oberseiten mit orangefarbenen Flecken und variabel blauer Bestäubung. Unten sind beide graubraun mit orangefarbenen und schwarzen Flecken.

FLÜGELSPANNWEITE *3,2 cm*
FLUGZEIT *Mai–Juni und Juli–August*
NAHRUNG DER RAUPE *Hufeisenklee* (Hippocrepis comosa)
ÄHNLICHE ARTEN *Keine*
VORKOMMEN *Lokal häufig, jedoch von Veränderung oder Zerstörung seines Lebensraumes bedroht*

Bläuling

Polyommatus dolus (Lycaenidae)

Eine behaarte Stelle auf den silberweißen bis hellblauen Vorderflügeln unterscheidet das Männchen von verwandten Arten. Weibchen sind oben braun. Die Unterseiten sind bei Männchen grau, bei Weibchen braun. Beide zeigen auf dem Hinterflügel manchmal einen hellen Streifen.

VORKOMMEN: *In blütenreichem Grasland, vom Tiefland bis in 1500 m Höhe*

Raupe nicht ausreichend bekannt

FLÜGELSPANNWEITE *3,5 cm*
FLUGZEIT *Juli–August*
NAHRUNG DER RAUPE *Luzerne* (Medicago sativa) *und Esparsette* (Onobrychis)
ÄHNLICHE ARTEN Polyommatus coridon *(S. 31), dessen Männchen kein behaartes Flügelfeld hat*
VORKOMMEN *Lokal und eher selten*

Schwarzblauer Bläuling

Maculinea nausithous (Lycaenidae)

Die Männchen sind oben violettblau mit breitem dunklem Rand, die Weibchen tiefbraun. Unten sind beide dunkelbraun mit hellbraunen Rändern und kleinen dunklen Flecken. Wie bei anderen Bläulingen sind die Raupen mit Ameisen vergesellschaftet, ohne die der Lebenszyklus nicht abgeschlossen werden kann.

VORKOMMEN: *Nur in Feuchtgebieten, wo die Nahrungspflanze der Raupen und eine bestimmte Ameisenart vorkommen*

Raupe nicht ausreichend bekannt

FLÜGELSPANNWEITE *4 cm*
FLUGZEIT *Juni–Juli*
NAHRUNG DER RAUPE *Großer Wiesenknopf* (Sanguisorba officinalis); *Larven bestimmter Ameisen* (Myrmica)
ÄHNLICHE ARTEN Maculinea arion *(S. 34)*
VORKOMMEN *Lokal, Populationen gehen wegen Zerstörung ihres Lebensraumes zurück.*

VORKOMMEN: *Nur in trockenem Grasland, oft auf Kalkboden, wo Alpen-Thymian, Majoran und eine bestimmte Ameisenart vorkommen*

Schwarzgefleckter Bläuling

Maculinea arion (Lycaenidae)

Diese große Art zählt zu den auffälligen Bläulingen. Auffällig ist auch ihr Lebenszyklus: Die Raupe lebt in späteren Stadien im Nest einer Ameisenart und ernährt sich von deren Larven. Beide Geschlechter haben leuchtend blaue Oberseiten. Bei den Weibchen sind die Ränder breiter und die Flecken auf den Hinterflügeln größer als bei den Männchen. Bei beiden sind die Unterseiten graubraun mit dunklen Flecken und weißem Saum und an der Basis blau bestäubt.

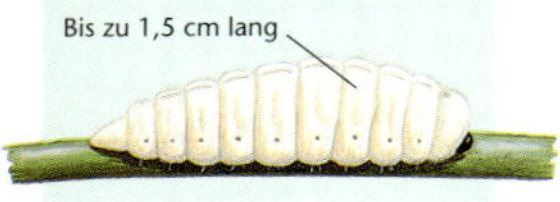

ANMERKUNG

Auch der Lebensraum dieser Art ist durch Veränderungen in der Landnutzung gefährdet. Die trockenen Wiesen auf Kalkboden, wo sich die Raupen entwickeln, dürfen weder zu viel noch zu wenig beweidet werden, wenn das Überleben dieser faszinierenden Schmetterlingsart gesichert werden soll.

FLÜGELSPANNWEITE *4 cm*
FLUGZEIT *Juli*
NAHRUNG DER RAUPE *In frühen Stadien Alpen-Thymian* (Thymus polytrichus) *und Dost* (Origanum)*; später Larven von Ameisen* (Myrmica).
ÄHNLICHE ARTEN Maculinea alcon, *der meist nicht so viele dunkle Flecken auf den Flügeloberseiten hat*
VORKOMMEN *Verbreitet, aber in geringer Zahl; Bestand nimmt ab.*

Weißdolch-Bläuling

Polyommatus damon (Lycaenidae)

VORKOMMEN: *Auf Gebirgswiesen und Weiden auf Kalkboden in 2000 bis 3000 m Höhe*

An sonnigen Tagen trinken diese Bläulinge gemeinsam mit anderen Hochlandarten an Pfützen. Dabei sind die hell graubraunen Unterseiten beider Geschlechter mit der typischen Zeichnung deutlich sichtbar. Nur Männchen haben blaue Oberseiten, die der Weibchen sind braun.

FLÜGELSPANNWEITE *3,3 cm*
FLUGZEIT *Juli–August*
NAHRUNG DER RAUPE *Esparsette* (Onobrychis)
ÄHNLICHE ARTEN *Weibchen von* Polyommatus ripartii *(S. 125)*
VORKOMMEN *Aufgrund seiner Bindung an einen sehr spezifischen Lebensraum nur lokal*

Zahnflügel-Bläuling

Polyommatus daphnis (Lycaenidae)

VORKOMMEN: *Nicht bewirtschaftetes, blütenreiches Grasland bis 1500 m Höhe, kommt aber auch in tiefer gelegenen Gebieten vor*

Typisch ist der gewellte Hinterflügelrand. Bei Weibchen ist er deutlicher ausgeprägt. Beide Geschlechter haben blaue Oberseiten, bei den Weibchen ist die Vorderkante des Vorderflügels dunkel. Die Unterseiten beider Geschlechter sind graubraun mit schwarzen Flecken.

FLÜGELSPANNWEITE *4 cm*
FLUGZEIT *Mai–Juli*
NAHRUNG DER RAUPE *Bärenschote* (Astragalus glycyphyllos) *und andere Schmetterlingsblütler*
ÄHNLICHE ARTEN *Keine*
VORKOMMEN *Im Hochland verbreitet und lokal häufig*

Brombeer-Zipfelfalter

Callophrys rubi (Lycaenidae)

VORKOMMEN:
In buschbestandenen Lebensräumen, Heiden, Hecken, an Waldrändern und in verwildertem Grasland

Trotz leuchtender Unterseiten ist der aktive Falter oft schwer zu beobachten. Im Sitzen ähnelt er einem grünen Blatt. Im Flug verschmilzt er so perfekt mit seiner Umgebung, dass es fast unmöglich ist, ihm zu folgen. In Ruhe zeigt er seine braunen Oberseiten selten, meist sind die Flügel gefaltet und nur die grünen Unterseiten zu sehen. Vorder- und Hinterflügel sind mit einer unterbrochenen weißen Linie markiert, die auf den Hinterflügeln stärker ausgeprägt ist.

ANMERKUNG

Die Männchen sind territorial und besetzen Ansitzstellen. Wenn man sich ruhig neben eine solche stellt, kehrt der Besitzer oft zurück, und man kann ihn gut beobachten.

FLÜGELSPANNWEITE *2,5 cm*
FLUGZEIT *März–Juli im Süden des Verbreitungsgebietes, April–Juni im Norden; mehrere Generationen*
NAHRUNG DER RAUPE *Stechginster* (Ulex), *Gewöhnl. Hornklee* (Lotus corniculatus), *Heidekraut* (Calluna) *u. a. niedrigwüchsige Pflanzen*
ÄHNLICHE ARTEN Callophrys avis, *der kräftigere weißgestrichelte Linien auf den Flügelunterseiten hat*
VORKOMMEN *Verbreitet und lokal häufig*

Östlicher Gesprenkelter Weißling

Euchloe ausonia (Pieridae)

Man sieht ihn an Sonnentagen oft beim Trinken. Die weiße Oberseite der Hinterflügel ist sehr zart gescheckt, die Vorderflügel tragen schwarze Flecken. Die Unterseiten der Hinterflügel sind gelbgrün-weiß gesprenkelt, die der Vorderflügel vorwiegend weiß.

VORKOMMEN: *In Südeuropa an grasbewachsenen Hügeln und Berghängen zwischen 1000 und 2000 m*

FLÜGELSPANNWEITE *3,5 cm*
FLUGZEIT *April–Juni*
NAHRUNG DER RAUPE *Schleifenblumen* (Iberis) *und andere Kreuzblütler* (Brassicaceae)
ÄHNLICHE ARTEN Pontia callidice *(S. 42)*, Pontia daplidice *(S. 44)*
VORKOMMEN *Relativ häufig und verbreitet*

Weißling

Leptidea morsei (Pieridae)

Dieser Falter ähnelt dem Senfweißling, die Flügel sind aber noch runder. Er ist meist größer als dieser. Falter der ersten Generation sind kleiner als die der zweiten. Die weißen Flügel der Männchen haben oben eine dunkle Spitze, bei der zweiten Generation dunkler. Weibchen sind vorwiegend weiß, die dunklen Flecken nur angedeutet.

VORKOMMEN: *Meist an Waldrändern und Lichtungen, selten in offeneren Lebensräumen, wo der Senfweißling vorkommt*

FLÜGELSPANNWEITE *4–4,5 cm*
FLUGZEIT *April–Juli, zwei Generationen*
NAHRUNG DER RAUPE *Frühlings-Platterbse* (Lathyrus vernus) *und verwandte Schmetterlingsblütler*
ÄHNLICHE ARTEN Leptidea sinapis *(S. 38)*
VORKOMMEN *Im östlichen Europa in bewaldetem Hügelland lokal häufig*

Raupe nicht ausreichend bekannt

VORKOMMEN: *Sehr geschützte grasbewachsene Stellen wie Waldränder und Wiesen*

Senfweißling

Leptidea sinapis (Pieridae)

Mit den breiten, runden Flügeln ist der Senfweißling allein am Umriss meist gut zu bestimmen. Die zarte Erscheinung passt zum kraftlosen Flug. Sein flatternder Flug ist ein gutes Bestimmungsmerkmal. Die weißlichen Oberseiten haben variable rußgraue Spitzen, die bei Männchen stärker ausgeprägt sind. Die erste Generation ist überall grauer gefärbt als die folgenden. Die Unterseiten beider Geschlechter sind variabel gelblich getönt und grau gestreift.

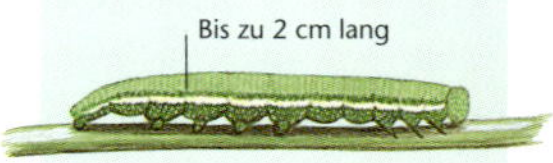

ANMERKUNG

Der Senfweißling sitzt oft auf geschützten Pflanzenstängeln. Wenn er an windstillen, sonnigen Tagen fliegt, bleibt er nahe am Boden und fliegt eher zwischen als über den Pflanzen.

FLÜGELSPANNWEITE *4 cm*
FLUGZEIT *Im Norden Mai–Juni, nur eine Generation; im Süden April–September, bis zu drei Generationen*
NAHRUNG DER RAUPE *Wiesen-Platterbse* (Lathyrus pratensis) *und andere Schmetterlingsblütler*
ÄHNLICHE ARTEN Leptidea morsei *(S. 37), der aber größer ist*
VORKOMMEN *Meist lokal, mit mehreren Verbreitungsgebieten; dort meist recht häufig*

Aurorafalter

Anthocharis cardamines (Pieridae)

Der Aurorafalter ist im Frühjahr einer der charakteristischsten Tagfalter, und oft sieht man ihn an blütenreichen Wegen und Waldrändern entlangfliegen. Besonders das Männchen ist mit seinen leuchtend orangefarbenen Flügelspitzen auffällig. Die Flügelspitzen der Weibchen sind schwärzlich und deshalb weit unauffälliger. Die Unterseiten der Hinterflügel beider Geschlechter sind weiß und grün gescheckt.

VORKOMMEN: *An blütenreichen Wegrändern, Waldrändern und Wiesen, manchmal in Gärten*

ANMERKUNG

Das Aurorafalter-Weibchen ähnelt stark dem Resedaweißling (S. 44), ist aber heller, hat weniger dunkle Flecken und fliegt eleganter.

FLÜGELSPANNWEITE *4 cm*
FLUGZEIT *April–Juni*
NAHRUNG DER RAUPE *Gew. Knoblauchsrauke* (Alliaria petiolata), *Wiesen-Schaumkraut* (Cardamine pratensis) *u. a. Kreuzblütler*
ÄHNLICHE ARTEN Pontia daplidice *(S. 44)*
VORKOMMEN *Verbreitet und häufig*

Alpen-Apollo

Parnassius phoebus (Papilionidae)

VORKOMMEN: *Nur auf Gebirgswiesen, selten unter 2000 m Höhe; meist auf steinigem Boden, wo die Nahrung der Raupe wächst*

Diese Gebirgsart kommt in großen Höhen vor, wo es auch während der Sommermonate kalt sein kann. Die cremeweißen Flügel tragen schwarze und rote Punkte. An der Flügelbasis sind sie dunkelgrau bestäubt. Die Flügelober- und Unterseiten sind sehr ähnlich. Bei Weibchen ist das Grau an der Flügelbasis oft ausgedehnter.

FLÜGELSPANNWEITE *7,5–8 cm*
FLUGZEIT *Juni–August*
NAHRUNG DER RAUPE *Verschiedene Steinbrech-Arten* (Saxifraga), *Hauswurz* (Sempervivum)
ÄHNLICHE ARTEN Parnassius apollo *(S. 45), bei dem die grau bestäubte Fläche größer ist*
VORKOMMEN *Lokal und selten häufig*

Schwarzer Apollo

Parnassius mnemosyne (Papilionidae)

VORKOMMEN: *Grasland, im Norden seines Verbreitungsgebietes in tieferen Lagen, im Süden zwischen 1500 und 2000 m*

Die Flügelspitzen sind fast durchsichtig. Die Flügel sind breit und rund, die Adern schwarz, bei älteren Tieren oft wächsern. Anders als sonstige Apollofalter hat dieser keine roten Flecken auf den Flügeln. Farben und Muster sind auf den Ober- und Unterseiten ähnlich.

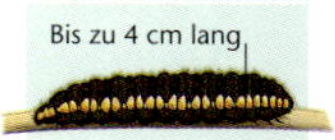

FLÜGELSPANNWEITE *6 cm*
FLUGZEIT *Mai–Juli*
NAHRUNG DER RAUPE *Lerchensporn* (Corydalis)
ÄHNLICHE ARTEN Aporia crataegi *(S. 46), dem die beiden schwarzen Flecken auf dem Vorderflügel fehlen*
VORKOMMEN *Lokal relativ häufig*

VORKOMMEN: *In Gebieten mit Kreuzblütlern; v.a. in Gärten und auf Feldern häufig*

Kleiner Kohlweißling

Pieris rapae (Pieridae)

Der typische Weißling ist eine der in Europa häufigsten und am weitesten verbreiteten Arten. Die Raupe ist ein Schädling und kann in Gemüsegärten und Feldern großen Schaden anrichten. Der Schmetterling hingegen ist im Garten ein willkommener Gast. Die weißen Oberseiten haben eine schwärzliche Spitze und tragen zwei weiße Punkte, bei Männchen ist einer davon undeutlicher. Die Unterseiten sind generell gelblich und grauweiß.

ANMERKUNG

Diese Art wandert im Frühjahr und Sommer nach Norden, deshalb ist sie dort um diese Zeit besonders häufig. Im Sommer ist sie in den meisten Teilen Europas die häufigste Weißlingsart.

FLÜGELSPANNWEITE *5 cm*
FLUGZEIT *April–Oktober, mehrere Generationen*
NAHRUNG DER RAUPE *Kreuzblütler, speziell der Gattung* Brassica; *Große Kapuzinerkresse* (Tropaeolum majus)
ÄHNLICHE ARTEN Pieris mannii *(S. 42), der eine ausgedehntere dunkle Flügelspitze hat;* Pieris napi *(S. 43) der auf den Unterseiten graugrüne Adern hat;* Pieris brassicae *(S. 47)*
VORKOMMEN *Verbreitet und ausgesprochen häufig*

Alpenweißling

Pontia callidice (Pieridae)

VORKOMMEN: *Nur in Gebirgsregionen im Süden, auf Wiesen und in Schluchten, meist in 2000 m Höhe*

Er hat weiße Flügeloberseiten mit dunklen Flecken auf den Vorderflügeln und grau marmorierte Hinterflügel. Bei Weibchen sind die Flecken stärker ausgeprägt. Die Unterseiten sind weiß und gelb mit grauen Flecken auf den Vorderflügeln und grüngrauen Adern auf den Hinterflügeln.

FLÜGELSPANNWEITE *3,5 cm*
FLUGZEIT *Mai–Juni*
NAHRUNG DER RAUPE *Resede* (Reseda) *und verschiedene Kreuzblütler*
ÄHNLICHE ARTEN Euchloe ausonia *(S. 37)*, Pontia daplidice *(S. 44)*
VORKOMMEN *In der richtigen Höhenstufe lokal häufig*

Karstweißling

Pieris mannii (Pieridae)

VORKOMMEN: *Verwildertes Grasland mit Wildblumen in warmen, sonnigen Gegenden Südeuropas*

Diese Art ist dem Kleinen Kohlweißling (S. 41) sehr ähnlich. Wenn man nur die Flügelunterseiten sieht, sind die Arten schwer unterscheidbar, das Gelb ist allerdings bei dieser Art intensiver. Ein verlässliches Merkmal ist die bei dieser Art ausgedehntere dunkle Flügelspitze auf der Oberseite des Vorderflügels.

FLÜGELSPANNWEITE *5 cm*
FLUGZEIT *März–November, mehrere Generationen*
NAHRUNG DER RAUPE *Wild wachsende Kreuzblütler, v.a. Schleifenblumen* (Iberis)
ÄHNLICHE ARTEN Pieris rapae *(S. 41)*
VORKOMMEN *In Südeuropa meist häufig*

Grünader-Weißling

Pieris napi (Pieridae)

Wenn man die Unterseiten deutlich zu sehen bekommt, kann man den Grünader-Weißling sicher bestimmen. Das Netz graugrüner Adern auf den Hinterflügeln unterscheidet ihn von verwandten Weißlingen. Ansonsten ähnelt er dem Kleinen Kohlweißling (S. 41): Die Oberseiten sind weiß. Die Vorderflügel haben schwarze Spitzen und bei Männchen je einen, bei Weibchen je zwei schwarze Flecken. Weibchen sind größer als Männchen.

VORKOMMEN: *In diversen blütenreichen Lebensräumen, an Staßen- und Waldrändern, in Gärten und auf feuchten Wiesen*

ANMERKUNG

Die zweite und dritte Generation im Spätsommer und Frühherbst hat weniger ausgeprägte grüne Adern auf der Flügelunterseite. Diese Falter können dem Kleinen Kohlweißling (S. 41) besonders ähnlich sehen.

FLÜGELSPANNWEITE *5 cm*
FLUGZEIT *März–Oktober, zwei oder drei Generationen; im Norden des Verbreitungsgebietes eine Generation im Frühjahr*
NAHRUNG DER RAUPE *Gewöhnliche Knoblauchsrauke* (Alliaria petiolata) *und andere wild wachsende Kreuzblütlerp*
ÄHNLICHE ARTEN *Kleiner Kohlweißling (S. 41), vor allem die zweite oder dritte Generation des Grünader-Weißlings*
VORKOMMEN *Verbreitet und häufig*

VORKOMMEN: *In blütenreichem Grasland; als ausdauernder Flieger wandert er oft und kann fast überall auftauchen.*

Resedaweißling

Pontia daplidice (Pieridae)

Der aktive, schnell fliegende Schmetterling ist ein bekannter Wanderfalter, der manchmal auch nördlich seines eigentlichen Verbreitungsgebietes auftaucht. Seine Oberseiten sind weiß, die Hinterflügel grau marmoriert. Die Oberseiten der Vorderflügel tragen variable dunkle, bei Weibchen stärker ausgeprägte Zeichnungen. Die Unterseiten der Hinterflügel sind grüngrau gescheckt.

ANMERKUNG

Den Resedaweißling trifft man häufiger als andere Arten der Gattung Pontia *auf Wiesen im Tiefland an. Er ist außerdem die einzige Art, bei der der dunkle Fleck auf der Unterseite des Vorderflügels den Vorderrand erreicht.*

FLÜGELSPANNWEITE *5 cm*
FLUGZEIT *März–November*
NAHRUNG DER RAUPE *Resede* (Reseda) *und andere Kreuzblütler, häufig Gänsekresse* (Arabis)
ÄHNLICHE ARTEN Euchloe ausonia *(S. 37) mit gelbgrün geschecktem Flügelunterseiten; Weibchen von* Antocharis cardamines *(S. 39);* Pontia callidice *(S. 42) mit grüngrau gezeichnen Flügelunterseiten*
VORKOMMEN *Verbreitet und häufig, vor allem im Süden*

Apollo

Parnassius apollo (Papilionidae)

Die Oberseiten der großen gerundeten Flügel sind cremeweiß mit drei auffallenden schwarzen Flecken auf den Vorder- und mehreren roten, schwarz umrandeten Punkten auf den Hinterflügeln. Unten wiederholt sich dieses Muster. Die Flügel sind variabel schwarz bestäubt, bei Weibchen ausgeprägter. Der Apollo ist sehr lethargisch und daher am Morgen oder Spätnachmittag gut zu beobachten.

VORKOMMEN: *Nur auf Gebirgswiesen und steinigen Gebirgshängen, in den Alpen bis 2000 m; im Norden in tieferen Lagen*

ANMERKUNG

Ältere Falter, deren Flügelschuppen bereits abgetragen sind, haben oft fast durchsichtige Flügel, die wächsern wirken und die ursprüngliche Schönheit der Schmetterlinge nur noch erahnen lassen.

FLÜGELSPANNWEITE *8 cm*
FLUGZEIT *Juli–September*
NAHRUNG DER RAUPE *Fetthenne* (Sedum), *Hauswurz* (Sempervivum)
ÄHNLICHE ARTEN Parnassius phoebus *(S. 40), der einen roten Fleck auf dem Vorderflügel hat;* Parnassius mnemosyne *(S. 40), der keine roten Punkte hat*
VORKOMMEN *Im Verbreitungsgebiet in großer Höhe lokal häufig, durch Veränderung und Zerstörung seines Lebensraumes jedoch bedroht*

VORKOMMEN: *In blütenreichen Lebensräumen, auf Wiesen, an Straßenrändern, in Gebüschen, Obsthainen und Gärten*

Baumweißling

Aporia crataegi (Pieridae)

Dies ist einer der am einfachsten zu bestimmenden europäischen Schmetterlinge. Nicht nur Größe und Form sind charakteristisch, auch die Flügeladern sind oben wie unten auf typische Weise dunkel gezeichnet. Der Einsatz von Insektiziden hat in Teilen Europas zu einem Rückgang des Baumweißlings geführt, vielerorts ist er sogar ausgestorben.

ANMERKUNG

Am besten kann man Baumweißlinge beobachten, wenn sie an Pfützen trinken. Manchmal sammeln sich Dutzende oder sogar Hunderte von Faltern und konkurrieren um die besten Plätze.

FLÜGELSPANNWEITE *6 cm*
FLUGZEIT *Vorwiegend Juli–August*
NAHRUNG DER RAUPE *Gewöhnliche Schlehe* (Prunus spinosa) *und andere Arten dieser Gattung, auch Kultursorten*
ÄHNLICHE ARTEN Parnassius mnemosyne *(S. 40), der dunklere Flügelspitzen und dunkle Flecken auf den Vorderflügeln hat*
VORKOMMEN *Verbreitet und häufig, v.a. im Hügelland und in Obsthainen*

VORKOMMEN: *An blütenreichen Stellen, auf Wiesen und Feldern, an Staßenrändern und in Stadtgärten*

Großer Kohlweißling

Pieris brassicae (Pieridae)

Die Art ist wegen der in Massen auftretenden Raupen berüchtigt. Nicht selten vernichten diese ganze Felder mit Kohl oder verwandten Kulturpflanzen. Die Oberseiten beider Geschlechter sind cremeweiß. Der Vorderflügel hat eine schwarze Spitze und bei Weibchen zwei dunkle Flecken. Die Unterseiten der Hinterflügel sind bei Männchen und Weibchen gelblich grau, die der Vorderflügel sind weiß mit zwei dunklen Punkten.

ANMERKUNG

Zum Glück für viele Gärtner wird die Raupe von einer Wespe mit dem Namen Apanteles *befallen. Diese legt ihre Eier in den Körper der Raupe, und die Larven ernähren sich von deren Organen. Sie verpuppen sich in gelben Kokons um die leere Chitinhülle der Raupe.*

FLÜGELSPANNWEITE *6 cm*
FLUGZEIT *April–Oktober, in mehreren Generationen*
NAHRUNG DER RAUPE *Kohl* (Brassica) *und andere kultivierte Kreuzblütler; auch Große Kapuzinerkresse* (Tropaeolum majus)
ÄHNLICHE ARTEN Pieris rapae *(S. 41); Männchen können im Flug mit Weibchen von* Gonepteryx rhamni *(S. 54) verwechselt werden*
VORKOMMEN *Verbreitet und häufig; im Norden seines Verbreitungsgebietes Durchzügler*

VORKOMMEN: *In unterschiedlichem Grasland; aufgrund seiner Wanderungen kann er fast überall auftauchen.*

Postillion

Colias crocea (Pieridae)

Der schnell fliegende Falter kann jährlich lange Wanderungen vom Kernverbreitungsgebiet in den Norden unternehmen. Wie weit die Art wandert, ist von Jahr zu Jahr unterschiedlich. Im Norden kann der Falter seinen Lebenszyklus aber wegen Kälte und Nässe im Herbst nicht vollenden. Im Flug fällt die leuchtend orangegelbe Flügelfärbung ins Auge. Die Oberseiten haben breite dunkelbraune Ränder. Ruhende Tiere öffnen ihre Flügel aber fast nie völlig.

ANMERKUNG

Weibchen kommen auch in einer hellen Form vor, die der Goldenen Acht (S. 51) stark ähnelt. Man muss daher die Färbung der Flügeloberseiten sowie die Flügelform prüfen.

FLÜGELSPANNWEITE *5 cm*
FLUGZEIT *Mai–Oktober*
NAHRUNG DER RAUPE *Klee* (Trifolium), *Luzerne* (Medicago sativa) *und andere Schmetterlingsblütler*
ÄHNLICHE ARTEN *Die helle Form ähnelt* Colias hyale *(S. 51) und* Colias phicomone *(rechts);* Colias myrmidone *(rechts)*
VORKOMMEN *Verbreitet in Süd- und Mitteleuropa; weiter nördlich je nach Witterung unterschiedlich*

Alpengelbling

Colias phicomone (Pieridae)

Diese Art ist relativ einfach zu bestimmen: Sie hat ein begrenztes Verbreitungsgebiet, kommt nur im Hochland vor, und die helle, rußig grüngraue Färbung ist charakteristisch. Leider öffnen die Falter beim Ruhen und Nektartrinken selten die Flügel, sodass ihre ungewöhnliche Farbe nur im Flug zu sehen ist.

VORKOMMEN: *Nur an sonnigen, grasbewachsenen Berghängen um 2000 m Höhe, wo die Nahrung der Raupen wächst*

FLÜGELSPANNWEITE *4,5–5 cm*
FLUGZEIT *Juni–August*
NAHRUNG DER RAUPE *Wicke* (Vicia) *und andere Schmetterlingsblütler*
ÄHNLICHE ARTEN *Helle Form von* Colias crocea *(links),* Colias hyale *(S. 51)*
VORKOMMEN *Sehr lokal, in geeigneten Lebensräumen jedoch nicht selten*

Myrmidonefalter

Colias myrmidone (Pieridae)

Obwohl er selten mit offenen Flügeln ruht, können ausdauernde Beobachter die Farbe der Oberseiten bewundern, wenn der Falter fliegt. Das Orange ist satter als beim Postillion (links). Auch die Unterseiten sind dunkler gelb, die Flecken kleiner und weniger intensiv.

VORKOMMEN: *Nur in tief gelegenen Gebieten entlang der Donau und angrenzenden Regionen*

FLÜGELSPANNWEITE *5 cm*
FLUGZEIT *Juni–September*
NAHRUNG DER RAUPE *Geißklee* (Cytisus)
ÄHNLICHE ARTEN Colias crocea *(links), der eine hellere Grundfarbe und grünlich gelbe Flügelunterseiten hat*
VORKOMMEN *Lokal häufig, durch intensive Landwirtschaft jedoch bedroht*

Raupe nicht ausreichend bekannt

Hochmoor-Gelbling

Colias palaeno (Pieridae)

VORKOMMEN: *In hoch gelegenen Mooren; weiter nördlich in Heidegebieten*

Der Hochmoor-Gelbling variiert innerhalb seines großen Verbreitungsgebietes in der Färbung, seine einheitlich hellgelbe Grundfarbe und sein klar abgegrenzter, nicht unterbrochener dunkler Rand sind jedoch bei der Bestimmung hilfreich. Die Raupe frisst nur an der Rauschbeere, deshalb kommt die Art fast ausschließlich in Mooren vor.

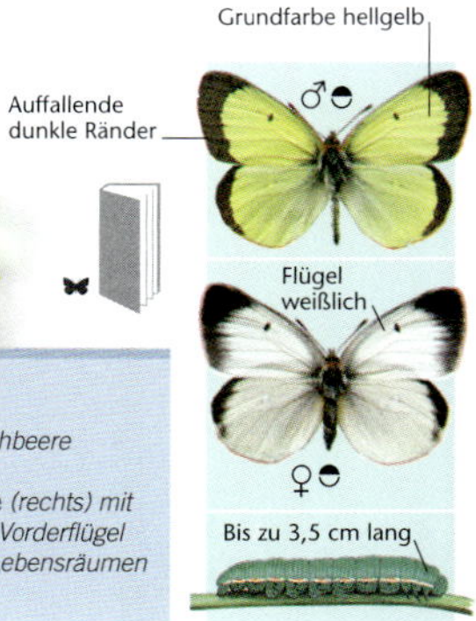

FLÜGELSPANNWEITE *5 cm*
FLUGZEIT *Juni–August*
NAHRUNG DER RAUPE *Rauschbeere* (Vaccinium uliginosum)
ÄHNLICHE ARTEN Colias hyale *(rechts) mit hellerer Grundfarbe, spitzerem Vorderflügel*
VORKOMMEN *In geeigneten Lebensräumen häufig*

Gelbling

Colias hecla (Pieridae)

VORKOMMEN: *Nur in der Tundra nahe des Nordpolarkreises*

Wenn man in der Nähe des Polarkreises einen orangegelben Tagfalter sieht, gehört er mit großer Wahrscheinlichkeit zu dieser Art. Wie seine Verwandten öffnet er beim Ruhen oder Nektartrinken fast nie die Flügel, deshalb bekommt man meist nur die vorwiegend grünlichen Flügelunterseiten zu sehen.

FLÜGELSPANNWEITE *4,5 cm*
FLUGZEIT *Juli–August*
NAHRUNG DER RAUPE *Alpen-Tragant* (Astragalus alpinus)
ÄHNLICHE ARTEN *Im Verbreitungsgebiet dieser Art keine*
VORKOMMEN *Im Verbreitungsgebiet recht häufig; einer der wenigen Tagfalter dort*

Goldene Acht

Colias hyale (Pieridae)

Sie sieht in freier Natur wie eine Form des Postillions (S. 49) aus und ist oft schwer zu bestimmen. Trotzdem kann man sie an relativ spitzen Vorderflügeln und hell zitronengelber Farbe von anderen Arten der Gattung unterscheiden. Weibchen sind heller als Männchen.

VORKOMMEN: *In blütenreichem Grasland; wandert und kann überall im Verbreitungsgebiet auftauchen*

FLÜGELSPANNWEITE *5 cm*
FLUGZEIT *Mai–Oktober*
NAHRUNG DER RAUPE *Luzerne* (Medicago sativa) *und Klee* (Trifolium)
ÄHNLICHE ARTEN Colias palaeno *(links)*, Colias alfacariensis *(unten)*
VORKOMMEN *Verbreitet und häufig*

Hufeisenklee-Gelbling

Colias alfacariensis (Pieridae)

Die Art ähnelt stark der Goldenen Acht (oben). Die gelben Flügel der Männchen sind jedoch heller. Dunkle Flecken an Flügelspitzen und Rändern sind hier schwächer ausgeprägt. Der Fleck auf der Oberseite des Hinterflügels ist orange, nicht rosa.

VORKOMMEN: *An blütenreichen Stellen; da er wandert, kann er innerhalb seines Verbreitungsgebietes überall auftauchen.*

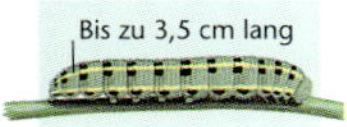

FLÜGELSPANNWEITE *5 cm*
FLUGZEIT *Mai–Oktober*
NAHRUNG DER RAUPE *Gewöhnlicher Hufeisenklee* (Hippocrepis comosa) *und Bunte Kronwicke* (Coronilla varia)
ÄHNLICHE ARTEN Colias hyale *(oben)*, *der heller gelb ist*
VORKOMMEN *Verbreitet und häufig*

VORKOMMEN: *In blütenreichem, buschigem Grasland, an Waldrändern, in Gärten und Obsthainen*

Segelfalter

Iphiclides podalirius (Papilionidae)

Die Flügel dieses großen Tagfalters sind hell mit kräftigen dunklen Bändern. Die Hinterflügel tragen auffallende, lange Schwanzanhänge. Mit etwas Erfahrung kann man diese Art auch im Flug bestimmen: Abgesehen von der Größe ist der leichte, gleitende Flug charakteristisch. Der Segelfalter besucht häufig Blüten, vor allem Lavendel. Während er Nektar saugt, kann man ihn gut von nahem beobachten.

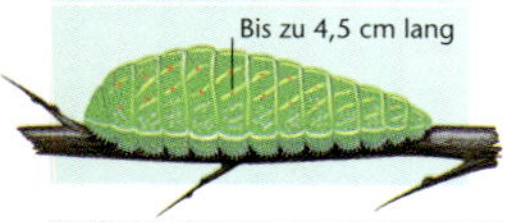

ANMERKUNG

Die Grundfarbe der Flügel ist gelblich, in starkem Licht wirkt sie aber oft weiß. Bei älteren Tieren sind die Schwanzanhänge oft abgebrochen, die typische Bänderung ist jedoch immer sichtbar.

FLÜGELSPANNWEITE *8 cm*
FLUGZEIT *April–Mai, zweite Generation im September*
NAHRUNG DER RAUPE *Gewöhnliche Schlehe* (Prunus spinosa) *und Kultursorten dieser Gattung, wie Pflaume* (P. domestica)
ÄHNLICHE ARTEN Papilio machaon *(rechts), der aber auffälliger gemusterte Flügel hat*
VORKOMMEN *Verbreitet und v. a. im Süden seines Verbreitungsgebietes im Allgemeinen häufig*

Schwalbenschwanz

Papilio machaon (Papilionidae)

Obwohl Schwalbenschwänze rastlos wirken, halten sie sich während der Nahrungsaufnahme meist still, und man kann sie dann wunderbar beobachten. Die gelben Flügel ziert ein Netz schwarzer Adern und Bänder. Auf der Oberseite tragen sie blaue Bänder und einen bunten Augenfleck. Am Hinterflügel sitzt ein typischer Schwanzanhang. Dieses Merkmal findet sich bei vielen Arten dieser Familie und erklärt den Namen »Schwalbenschwanz«.

VORKOMMEN: *In blütenreichem, oft feuchtem Grasland, wo die Nahrung der Raupen wächst*

ANMERKUNG

Die Raupe ist sehr bunt. Das soll Vögel davon abschrecken, sie zu fressen. Wenn sie an ihrer Nahrungspflanze frisst, ist sie aber trotz der Farben nur schwer zu erkennen.

FLÜGELSPANNWEITE *8–9 cm*
FLUGZEIT *April–September, im Süden in mehreren Generationen; im Norden eine oder mehr Generationen mit kürzerer Flugzeit*
NAHRUNG DER RAUPE *Fenchel* (Foeniculum), *Sumpf-Haarstrang* (Peucedanum palustre) *und andere Doldenblütler*
ÄHNLICHE ARTEN Iphiclides podalirius *(links)*
VORKOMMEN *Verbreitet und relativ häufig, im Norden lokal*

Zitronenfalter

Gonepteryx rhamni (Pieridae)

Für viele ist der erste Zitronenfalter im Frühjahr ein Zeichen, dass der Winter vorbei ist. Ab Februar erwacht der Falter aus der Winterstarre und sucht nach Nektar. Männchen erkennt man auch im Flug an der zitronengelben Farbe. Die typische Flügelform beider Geschlechter sieht man nur, wenn die Falter ruhen.

VORKOMMEN: *In buschigen Gebieten, Gärten und an Waldrändern, wo die Nahrung der Raupen wächst*

FLÜGELSPANNWEITE *6 cm*
FLUGZEIT *Juli–Oktober und Februar–März nach der Winterstarre*
NAHRUNG DER RAUPE *Kreuzdorn* (Rhamnus) *und Faulbaum* (Frangula alnus)
ÄHNLICHE ARTEN *Im Großteil Europas keine; im Süden* Gonepteryx cleopatra *(unten)*
VORKOMMEN *Verbreitet und meist häufig*

Mittelmeer-Zitronenfalter

Gonepteryx cleopatra (Pieridae)

Obwohl dem Zitronenfalter ähnlich (oben), sind Männchen am leuchtenden Orange der Vorderflügel erkennbar. Weibchen sind sehr hell und weniger typisch. An einem ruhenden Falter zeigt sich jedoch der charakteristische dunkelgelbe Streifen auf der Unterseite des Vorderflügels.

VORKOMMEN: *In buschigen Lebensräumen, auch in für Südeuropa typischen Hartlaubgebüschen*

FLÜGELSPANNWEITE *6 cm*
FLUGZEIT *Mai–August und Februar–April nach Winterstarre*
NAHRUNG DER RAUPE *Kreuzdorn* (Rhamnus)
ÄHNLICHE ARTEN Gonepteryx rhamni *(oben)*
VORKOMMEN *In geeigneten Lebensräumen im Allgemeinen häufig*

Kleiner Feuerfalter

Lycaena phlaeas (Lycaenidae)

Trotz geringer Größe fällt der Kleine Feuerfalter mit der leuchtenden Färbung ins Auge. Ein Teil der Oberseite ist braun. Dies betont die lebhaft orangerote Zeichnung. Die Unterseiten haben gedämpftere Farben als die Oberseiten, das Muster ist jedoch ähnlich. Im Verbreitungsgebiet kommen leichte Variationen vor, das orangefarbene Band auf dem Hinterflügel etwa ist unterschiedlich breit.

VORKOMMEN: *In blütenreichem, grasbewachsenen Gelände, an Wegrändern, auf Wiesen und an Felsen, vom Tiefland bis 2000 m*

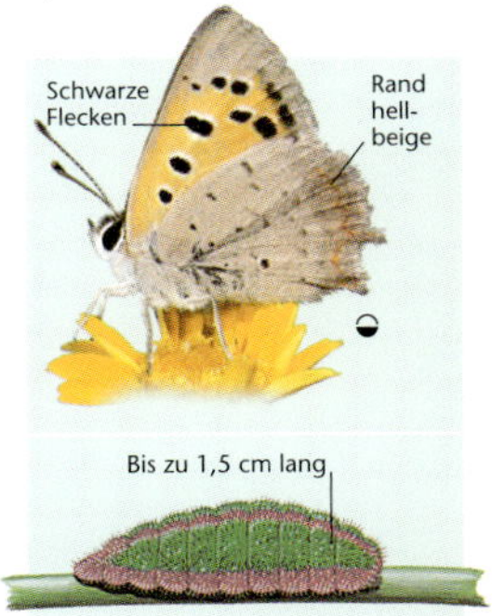

ANMERKUNG

Die Männchen sind sehr territorial. Es ist interessant zu beobachten, wie sie ihr Revier gegen Eindringlinge verteidigen. Dabei greifen sie gelegentlich auch Männchen anderer Schmetterlingsarten an.

FLÜGELSPANNWEITE *3–3,8 cm*
FLUGZEIT *April–Oktober, in mehreren Generationen*
NAHRUNG DER RAUPE *Großer und Kleiner Sauerampfer* (Rumex acetosa *und* Rumex acetosella)
ÄHNLICHE ARTEN Lycaena helle *(S. 57)*
VORKOMMEN *Verbreitet und häufig*

Perlbinde

Hamearis lucina (Riodinidae)

VORKOMMEN: *Auf Wiesen und an Waldrändern, wo die Nahrung der Raupe wächst*

Die hübsche Flügelzeichnung dieser relativ kleinen Art verdient eine genauere Betrachtung. Glücklicherweise ist dies oft möglich, denn die Perlbinde sonnt sich gerne nicht weit vom Boden entfernt und lässt Beobachter dabei erstaunlich nahe kommen. Die tiefbraunen Flügeloberseiten tragen orangefarbene und helle Flecken, die orangebraunen Unterseiten auf dem Vorderflügel dunkle und auf dem Hinterflügel weiße Flecken. Die Geschlechter ähneln sich, bei Weibchen sind jedoch die orangefarbenen Flecken auf den Oberseiten und die weißen auf den Unterseiten größer.

ANMERKUNG

Die Perlbinde ähnelt auf den ersten Blick den Scheckenfaltern aus der Familie der Nymphalidae. *Diese Tagfalter sind jedoch größer und meist aktiver als die Perlbinde, sodass Verwechslungen ausgeschlossen sind.*

FLÜGELSPANNWEITE *3 cm*
FLUGZEIT *Mai–Juni; im Süden im August–September manchmal eine zweite Brut*
NAHRUNG DER RAUPE *Wiesen-Schlüsselblume* (Primula veris) *und Stängellose Schlüsselblume* (Primula vulgaris)
ÄHNLICHE ARTEN *Keine*
VORKOMMEN *Lokal häufig; bildet Kolonien an Stellen, wo die Nahrung der Raupen reichlich wächst*

Provence-Zipfelfalter

Tomares ballus (Lycaenidae)

Man könnte die Art für einen Feuerfalter halten. Doch die grünen Unterseiten der Hinterflügel ähneln denen des Brombeer-Zipfelfalters (S. 36). Die Kombination aus Orange und Grün auf den Unterseiten ist einzigartig, was die Bestimmung erleichtert.

VORKOMMEN: *Offene, buschige Hänge und Hartlaubgebüsche in mediterranem Klima*

Vorderflügel orange

Hinterflügel grün bestäubt

♂◐

Grundfarbe braun

Vorderflügel orange mit braunem Rand

Hinterflügel orange

♀◐

Bis zu 1,5 cm lang

FLÜGELSPANNWEITE *2,5–3 cm*
FLUGZEIT *Januar–April*
NAHRUNG DER RAUPE *Wundklee* (Anthyllis), *Hornklee* (Lotus) *und andere Schmetterlingsblütler*
ÄHNLICHE ARTEN Callophrys rubi *(S. 36)*, Lycaena phlaeas *(S. 55)*
VORKOMMEN *Relativ häufig*

Blauschillernder Feuerfalter

Lycaena helle (Lycaenidae)

Auf den Oberseiten der Männchen erkennt man von nahem einen violettblauen Schimmer. Weibchen haben orangefarbene und braune Oberseiten. Beide haben braune Unterseiten mit schwarzen Flecken und orangefarbenem Band.

VORKOMMEN: *Nur in Feuchtgebieten (Moore, Flussufer, Feuchtwiesen) vom Tiefland bis 1500 m*

♂◐

Dunkle Flecken auf Vorderflügel

Orangefarbenes Band

Oberseite mit violettblauem Schimmer

Grundfarbe braun

◐

Kein violettblauer Schimmer

♀◐

Bis zu 1,5 cm lang

FLÜGELSPANNWEITE *3 cm*
FLUGZEIT *Mai–August*
NAHRUNG DER RAUPE *Knöterich* (Polygonum), *Schlangen-Knöterich* (Bistorta officinalis), *Ampfer* (Rumex)
ÄHNLICHE ARTEN *Keine*
VORKOMMEN *Verbreitet, aber sehr lokal; nimmt durch Zerstörung des Lebensraums ab*

VORKOMMEN: *Auf Feuchtwiesen, oft bei Entwässerungsgräben und langsam fließenden Flüssen*

Großer Feuerfalter

Lycaena dispar (Lycaenidae)

Wenn er sich auf Uferpflanzen sonnt, ist der Große Feuerfalter ein auffallender Anblick. Männchen sind besonders attraktiv, die Oberseiten sind leuchtend kupferorange mit dunklem Rand. Weibchen sind unauffälliger und haben eine ausgeprägtere dunkelbraune Zeichnung. Die Unterseiten sind bei beiden ähnlich, auf dem Hinterflügel hell blaugrau und auf dem Vorderflügel orange, jeweils mit schwarzen Flecken.

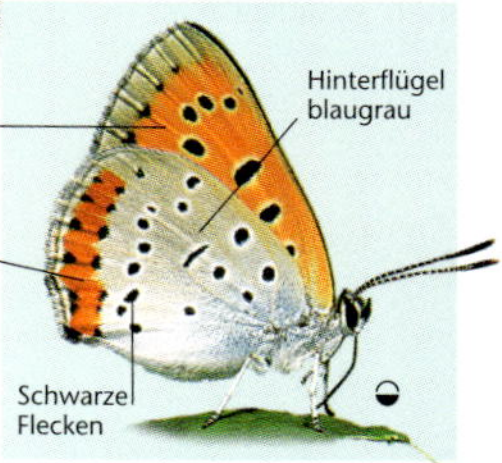

ANMERKUNG

An der hell blaugrauen Unterseite des Hinterflügels mit den schwarzen Flecken kann man den Großen Feuerfalter von ähnlichen Arten unterscheiden. Die Unterseite des Vorderflügels ist orange und intensiver gefärbt als bei verwandten Arten.

FLÜGELSPANNWEITE *3,4–5 cm*
FLUGZEIT *Mai–September; im Süden zwei, im Norden eine Generation*
NAHRUNG DER RAUPE *Ampfer* (Rumex)
ÄHNLICHE ARTEN Lycaena virgaureae *(rechts)*, Lycaena alciphron *(S. 60)*, Lycaena hippothoe *(S. 61)*
VORKOMMEN *Lokal, geht in vielen Teilen seines Verbreitungsgebietes wegen Zerstörung seines Lebensraumes zurück*

Dukatenfalter

Lycaena virgaureae (Lycaenidae)

Der Falter sonnt sich oft und zeigt die geöffneten Flügel. Die der Männchen sind leuchtend orange mit schwarzem Rand, bei südlichen Formen tragen sie schwarze Flecken. Weibchen sind oben orange- und dunkelbraun. Beide sind am Vorderflügel unten orangebraun, am Hinterflügel beigegrau.

VORKOMMEN: *In blütenreichem Grasland; am häufigsten im Hügelland bis 2000 m, aber auch in Küstennähe*

FLÜGELSPANNWEITE *3–4 cm*
FLUGZEIT *Juli–August*
NAHRUNG DER RAUPE *Verschiedene Ampfer-Arten* (Rumex)
ÄHNLICHE ARTEN Lycaena dispar *(links), dessen Hinterflügel blaugraue Unterseiten haben*
VORKOMMEN *Verbreitet, aber selten häufig*

Brauner Feuerfalter

Lycaena tityrus (Lycaenidae)

Der Falter ist düster gefärbt, die Flügel sind größtenteils braun und orangebraun. Bei Weibchen sind die Vorderflügel orange und runder. Die Flügel der Männchen sind schmaler, mit den zugespitzten Hinterflügeln ähneln sie beinahe Zipfelfaltern.

VORKOMMEN: *Auf blütenreichen Wiesen im Tiefland, auch im Hügelland*

FLÜGELSPANNWEITE *3–3,5 cm*
FLUGZEIT *April–Mai, zweite Generation im August–September*
NAHRUNG DER RAUPE *Großer und Kleiner Sauerampfer* (Rumex acetosa *und* Rumex acetosella)
ÄHNLICHE ARTEN *Bläulings-Weibchen*
VORKOMMEN *Verbreitet und relativ häufig*

Violetter Feuerfalter

Lycaena alciphron (Lycaenidae)

VORKOMMEN: *Auf blütenreichen Wiesen im Tiefland;* L.a. gordius *im Gebirge*

Es gibt zwei Unterarten. Die kupferfarbenen, dunkel gefleckten Flügeloberseiten der Männchen aus dem Osten des Gebietes *(L.a. alciphron)* schimmern violett, die der Weibchen sind vorwiegend dunkelbraun. Bei Gebirgspopulationen im Südwesten *(L.a. gordius)* sind Männchen oben kuperorange, Weibchen orangebraun mit dunklen Flecken. Die Hinterflügel beider Formen sind unten grau, die Vorderflügel orangebraun, jeweils mit dunklen Flecken.

L.a. gordius

ANMERKUNG

Im Osten des Verbreitungsgebietes kommt L.a. alciphron *auf Wiesen im Tiefland vor.* L.a. gordius *kommt auf Bergwiesen in den Alpen, den Pyrenäen und den angrenzenden Gebirgen vor, selten jedoch in Höhen unter 1000 m.*

FLÜGELSPANNWEITE *4 cm*
FLUGZEIT *Juni–Juli*
NAHRUNG DER RAUPE *Großer und Kleiner Sauerampfer* (Rumex acetosa *und* Rumex acetosella)
ÄHNLICHE ARTEN Lycaena dispar *(S. 58);* L.a. gordius *kann mit* Lycaena hippothoe *(rechts) verwechselt werden*
VORKOMMEN *Beide Unterarten lokal häufig mit unterschiedlichen Verbreitungsgebieten;* L.a. gordius *tritt meist in kleineren Kolonien auf.*

Lilagold-Feuerfalter

Lycaena hippothoe (Lycaenidae)

In der Sonne schimmern die Oberseiten der Männchen an den Rändern attraktiv violett. Die Weibchen sind oben orange und braun mit einem hell orangefarbenen Band auf den Hinterflügeln. Im hohen Norden haben sie die kräftigsten Farben.

VORKOMMEN: *An feuchten Stellen in Wiesen und Grasland, im Hügelland und an Berghängen bis 2000 m*

FLÜGELSPANNWEITE *3,5–4 cm*
FLUGZEIT *Juni–Juli*
NAHRUNG DER RAUPE *Schlangen-Knöterich* (Bistorta officinalis), *Ampfer* (Rumex)
ÄHNLICHE ARTEN Lycaena dispar *(S. 58);* Lycaena alciphron *(links), der stärker violette Flügeloberseiten hat*
VORKOMMEN *Verbreitet, aber lokal*

Zürgelbaum-Schnauzenfalter

Libythea celtis (Libytheidae)

Diesen Falter kann man an gewellten Flügelrändern und der schnauzenförmigen Verlängerung der Anhänge seiner Mundwerkzeuge (Palpen) erkennen. Auch die orange und braun gescheckten Flügel sind typisch. Das Muster der Oberseiten wiederholt sich unten. Die Art ist langlebig und überwintert im Starrezustand.

VORKOMMEN: *Bewaldete Hänge, Hartlaubgebüsche, Parks und Gärten, wo die Nahrung der Raupe wächst*

FLÜGELSPANNWEITE *4,5 cm*
FLUGZEIT *Juni–September, nach der Winterstarre März–April*
NAHRUNG DER RAUPE *Zürgelbaum* (Celtis)
ÄHNLICHE ARTEN Nymphalis c-album *(S. 75), der intensiver orangefarbene Flecken hat*
VORKOMMEN *Verbreitet und in Südeuropa relativ häufig*

Hochalpen-Perlmutterfalter

Boloria pales (Nymphalidae)

VORKOMMEN: *Nur auf Wiesen im Hochgebirge, meist zwischen 2000 und 3000 m*

Die Art kommt oberhalb der Baumgrenze vor und hat mehrere Unterarten. Oberseiten sind orange mit dunklen Flecken. Die Größe der dunklen Stelle an der Basis variiert je nach Unterart. Die Vorderflügel sind unten orangebraun, die Hinterflügel rotbraun, gelb und weiß gemustert.

FLÜGELSPANNWEITE *3,5 cm*
FLUGZEIT *Juni–August*
NAHRUNG DER RAUPE *Veilchen* (Viola)
ÄHNLICHE ARTEN Boloria napae *(unten), dessen Flügelunterseiten weniger bunt sind;* Boloria aquilonaris *(rechts)*
VORKOMMEN *In der richtigen Höhenstufe relativ häufig*

Ähnlicher Perlmutterfalter

Boloria napaea (Nymphalidae)

VORKOMMEN: *Auf feuchten Wiesen im Hochgebirge oder in der Tundra; im Süden auch in tieferen Lagen*

Die Art ähnelt dem Hochalpen-Perlmutterfalter (oben). Beide kommen jedoch in unterschiedlichen Lebensräumen vor, die sich nur im Süden überschneiden. Diese Art ist etwas größer, was im Gelände schwierig zu erkennen ist. Das Muster der Flügelunterseiten ist blasser und weniger komplex.

FLÜGELSPANNWEITE *4 cm*
FLUGZEIT *Juli–August*
NAHRUNG DER RAUPE *Knöllchen-Wiesenknöterich* (Bistorta vivipara)
ÄHNLICHE ARTEN Boloria pales *(oben), der dunklere Flügelunterseiten hat*
VORKOMMEN *In Südeuropa im Gebirge lokal; in Skandinavien weiter verbreitet*

Hochmoor-Perlmutterfalter

Boloria aquilonaris (Nymphalidae)

Die orangefarbenen Oberseiten dieses Scheckenfalters tragen schwarze Flecken, die teils zu gezackten Linien verschmelzen. Die Grundfarbe der Unterseiten ist hell orangebraun mit schwarzer Zeichnung und weißen Flecken auf den Hinterflügeln. Der spezielle Lebensraum hilft bei der Bestimmung.

VORKOMMEN: *In Mooren und feuchten Heidegebieten, wo Heidelbeeren wachsen; im Norden nur in tieferen Lagen*

FLÜGELSPANNWEITE *3,5 cm*
FLUGZEIT *Juni–August*
NAHRUNG DER RAUPE *Heidelbeere* (Vaccinium)
ÄHNLICHE ARTEN Boloria pales *(links), der nicht an Moore gebunden ist und dessen Raupen an Veilchen fressen*
VORKOMMEN *Lokal, aber nicht selten*

Randring-Perlmutterfalter

Boloria eunomia (Nymphalidae)

Er ist an der Zeichnung der Oberseiten und der Unterseiten der Hinterflügel zu erkennen. Typisch sind dunkler Rand mit hellen Flecken, parallel dazu eine Reihe dunkler Flecken sowie auf den Hinterflügeln unten helle Flecken in der Mitte und weiße Randflecken.

VORKOMMEN: *In Feuchtgebieten, im Süden auch in Mooren, im Norden in feuchter Tundra*

FLÜGELSPANNWEITE *3,5–4,5 cm*
FLUGZEIT *Juni–Juli*
NAHRUNG DER RAUPE *Knöterich* (Polygonum)
ÄHNLICHE ARTEN Boloria euphrosyne *(S. 65), der in Sümpfen und Feuchtgebieten nicht vorkommt*
VORKOMMEN *Lokal relativ häufig*

VORKOMMEN: *Lebensräume mit Raupennahrung, von offenem Waldland bis zu tiefer gelegenen Berghängen, im Süden auch bis 2000 m*

Braunfleckiger Perlmutterfalter

Boloria selene (Nymphalidae)

Sieht man nur die Oberseiten, die sich bei allen zum Verwechseln ähnlich sehen, so ist dieser Perlmutterfalter nur schwer von nah verwandten Arten zu unterscheiden, vor allem vom Veilchen-Perlmutterfalter (rechts). Was die Arten unterscheidet, ist das Muster auf der Unterseite der Hinterflügel. Diese Art hat am Hinterrand sieben perlweiße Flecken, die innen durch schwarze Linien betont werden, und mehrere weiße Flecken in der Mitte des Flügels und an der Basis. Im Gegensatz dazu hat der Veilchen-Perlmutterfalter nur je einen weißen Fleck in der Mitte und an der Flügelbasis.

ANMERKUNG

Die besten Gelegenheiten zum Beobachten haben Sie an teilweise sonnigen Tagen, wenn manchmal Wolken vor die Sonne treten. In solchen Momenten bleiben die Falter mit geschlossenen Flügeln auf Pflanzen sitzen.

FLÜGELSPANNWEITE *4 cm*
FLUGZEIT *Juni–Juli*
NAHRUNG DER RAUPE *Veilchen* (Viola)
ÄHNLICHE ARTEN Boloria euphrosyne *(rechts)*
VORKOMMEN *Verbreitet und lokal häufig, geht durch Lebensraumzerstörung allerdings zurück*

Veilchen-Perlmutterfalter

Boloria euphrosyne (Nymphalidae)

Die oft sehr ähnlichen kleineren Perlmutterfalter sind am besten zu bestimmen, wenn man die Flügelunterseiten von nahem sieht. Der Veilchen-Perlmutterfalter hat hier kennzeichnende Farben und Muster. Die Kombination aus sieben silberweißen, perlenartigen Flecken entlang des Randes und einem zentralen weißen Fleck auf dem Hinterflügel und einem kleinen an der Flügelbasis ist arttypisch.

VORKOMMEN: *An Waldrändern und auf Lichtungen, v.a. wo der Wald traditionell bewirtschaftet wird und die Nahrungspflanze der Raupen gedeiht*

ANMERKUNG

Der niedrig fliegende Veilchen-Perlmutterfalter trinkt gerne an den Blüten des Kriechenden Günsels (Ajuga reptans) *Nektar. Wenn man sich ruhig verhält, kann man ihn dabei gut aus der Nähe beobachten.*

FLÜGELSPANNWEITE *4–4,5 cm*
FLUGZEIT *Vorwiegend Mai–Juni, im Süden tritt manchmal eine zweite Generation im August auf*
NAHRUNG DER RAUPE *Veilchen* (Viola)
ÄHNLICHE ARTEN Boloria selene *(links)*
VORKOMMEN *Verbreitet und lokal häufig*

Perlmutterfalter

Boloria freija (Nymphalidae)

Er kommt bis über dem Polarkreis vor und übersteht auch raues Wetter. Aufgrund der nördlichen Verbreitung und der Bindung an Moore gibt es wenige Arten, mit denen er verwechselt werden kann. Zur Sicherheit achtet man am besten auf die schwarze Zickzack-Linie auf der Unterseite des Hinterflügels.

VORKOMMEN: *Nur in Mooren der Tundra, oft auch an niedrigen Hängen, wo die Nahrung der Raupen wächst*

Raupe nicht ausreichend bekannt

FLÜGELSPANNWEITE *3,5–4 cm*
FLUGZEIT *Mai–Juni*
NAHRUNG DER RAUPE *Moltebeere* (Rubus chamaemorus), *Heidelbeere* (Vaccinium)
ÄHNLICHE ARTEN Boloria thore *(rechts)*
VORKOMMEN *Lokal häufig, wird jedoch an trüben Tagen oft übersehen*

Magerrasen-Perlmutterfalter

Boloria dia (Nymphalidae)

Diese Art ist relativ klein und zierlich, doch leicht zu bestimmen, insbesondere durch die Form der Hinterflügel: Der Vorderrand und der Flügelsaum bilden fast einen rechten Winkel. Die Flügelunterseite ist violett gescheckt. Die orangefarbenen Flügeloberseiten mit schwarzen Flecken ähneln denen vieler verwandter Arten.

VORKOMMEN: *In bewaldeten Heidegebieten und offenem, grasbewachsenen Waldland mit Blüten und Brombeeren*

FLÜGELSPANNWEITE *3,5 cm*
FLUGZEIT *Mai–August, in zwei oder mehr Generationen*
NAHRUNG DER RAUPE *Veilchen* (Viola), *eventuell Brombeere* (Rubus)
ÄHNLICHE ARTEN *Keine*
VORKOMMEN *Verbreitet und innerhalb seines Verbreitungsgebietes lokal häufig*

Alpen-Perlmutterfalter

Boloria thore (Nymphalidae)

Diese Art des Nordens und des Hochlandes hat in Europa voneinander getrennte Verbreitungsgebiete und variiert im Aussehen. Ein gemeinsames Merkmal ist der Halbmond aus gelben Flecken auf der Unterseite der Hinterflügel. In den Alpen sind die Falter dunkel rotbraun, der gelbe Halbmond fällt dann besonders auf. In Skandinavien sind sie überall heller orangebraun, der gelbe Halbmond ist relativ unauffällig. Die Falter in dieser Region sind meist kleiner als die in den Alpen.

VORKOMMEN: *In offenem Waldland, in den Alpen meist um 1500 m, in Skandinavien in tieferen Lagen*

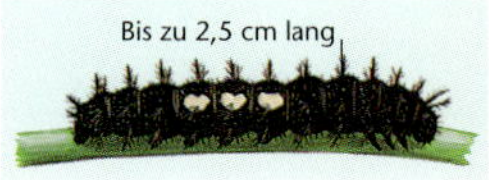

ANMERKUNG

Ältere Individuen anderer Scheckenfalter aus Skandinavien ähneln der hellen nördlichen Form dieser Art. Dies kann zu Verwechslungen führen. Um diese Art sicher zu bestimmen, sollte man nach dem Halbmond aus gelben Flecken auf der Unterseite suchen.

FLÜGELSPANNWEITE *4,5 cm*
FLUGZEIT *Juni–Juli*
NAHRUNG DER RAUPE *Veilchen* (Viola)
ÄHNLICHE ARTEN Boloria freija *(links); der helleren Form können auch* Boloria selene *(S. 64) und verblasste Individuen von* Melitaea athalia *(S. 71) ähneln.*
VORKOMMEN *Innerhalb seines Verbreitungsgebietes in Birkenwäldern in den Alpen relativ häufig*

Wegerich-Scheckenfalter

Melitaea cinxia (Nymphalidae)

VORKOMMEN: *Grasland, von Küsten über Wegränder bis zu Berghängen in 2000 m Höhe*

Diese Art ist charakteristisch und gut zu bestimmen. Auf der Oberseite der Hinterflügel befinden sich vier oder fünf schwarze Punkte, die in einem orangefarbenen Band halbmondförmig angeordnet sind. Auch die konzentrischen cremeweißen und orangefarbenen Bänder auf der Unterseite der Hinterflügel sind typisch.

FLÜGELSPANNWEITE *4 cm*
FLUGZEIT *Mai–Juni; im Süden zweite Generation August–September*
NAHRUNG DER RAUPE *V. a. Spitz-Wegerich* (Plantago lanceolata)
ÄHNLICHE ARTEN Melitaea phoebe *(unten)*, Melitaea athalia *(S. 71)*
VORKOMMEN *Verbreitet und relativ häufig*

Flockenblumen-Scheckenfalter

Melitaea phoebe (Nymphalidae)

VORKOMMEN: *In blütenreichen Wiesen und an Hängen vom Tiefland bis über 1500 m*

Die Flügel ziert ein Mosaik in Orange, Gelb und Schwarz. Intensität und Ausdehnung der Farben variieren aber stark. Bei manchen Tieren erinnert die Oberseite an den Skabiosen-Scheckenfalter (S. 81), die Unterseite an den Wegerich-Scheckenfalter (oben). Die Flügel sind meist eckiger als bei verwandten Arten.

FLÜGELSPANNWEITE *4,5–5 cm*
FLUGZEIT *April–September, mehrere Generationen*
NAHRUNG DER RAUPE *Flockenblume* (Centaurea) *und Wegerich* (Plantago)
ÄHNLICHE ARTEN Melitaea cinxia *(oben)*, Euphydryas aurinia *(S. 81)*
VORKOMMEN *Verbreitet und lokal häufig*

VORKOMMEN: *In blütenreichem Grasland, von Wiesen und Wegrändern im Tiefland bis zu Berghängen in 2000 m Höhe*

Roter Scheckenfalter

Melitaea didyma (Nymphalidae)

Diese hübsche Art kennt viele Varianten nach Gebiet, Geschlecht und Generation. Die meisten Männchen haben jedoch charakteristische, leuchtend orangefarbene Oberseiten, die so kräftig gefärbt sind wie die eines frisch geschlüpften C-Falters (S. 75) und die typische schwarze Flecken tragen. Die Ausdehnung der Flecken und die Intensität der Grundfarbe variiert aber innerhalb des Verbreitungsgebietes und zwischen den Generationen. Die Flügeloberseiten der Weibchen sind grauer, einige Formen sehen aus wie unterschiedliche Arten.

ANMERKUNG

Einige Merkmale dieser Art sind weniger variabel als andere: Bei allen Individuen sind die Flügel relativ breit und rund, und die Zeichnung der Unterseiten variiert weniger als die der Oberseiten.

FLÜGELSPANNWEITE *3,5–5 cm*
FLUGZEIT *Mai–August, mehrere Generationen*
NAHRUNG DER RAUPE *Wegerich* (Plantago), *Leinkraut* (Linaria) *und Ehrenpreis* (Veronica)
ÄHNLICHE ARTEN Melitaea trivia *(S. 70)*
VORKOMMEN *Verbreitet und im Allgemeinen häufig*

Bräunlicher Scheckenfalter

Melitaea trivia (Nymphalidae)

VORKOMMEN: *In blütenreichen Wiesen in unterschiedlichen Höhen, meist zwischen 1000 und 1500 m*

Dieser Falter kann dem Roten Scheckenfalter (S. 69) stark ähneln. Er ist jedoch viel kleiner, das Orange seiner Oberseiten ist matter, und die schwarzen Flecken am Rand der Unterseite des Hinterflügels sind eher eckig als rund. Die orangebraunen Vorderflügel tragen unten helle Spitzen.

FLÜGELSPANNWEITE *2,5–3 cm*
FLUGZEIT *Juni–August, zwei Generationen*
NAHRUNG DER RAUPE *Königskerze* (Verbascum)
ÄHNLICHE ARTEN Melitaea didyma *(S. 69), der größer und auffallender ist*
VORKOMMEN *Lokal häufig*

Silberscheckenfalter

Melitaea diamina (Nymphalidae)

VORKOMMEN: *Offenes Waldland oder feuchtes, schattiges Grasland mit Gebüschen; meist im Hügelland*

Obwohl leicht variabel, ist die Art im Allgemeinen sehr dunkel. Vor allem die Oberseiten der Hinterflügel sind fast einheitlich dunkelbraun. Bei Individuen, die hier helle Flecken tragen, sind diese auf dem ganzen Flügel etwa gleich groß und jeweils über den hellen Stellen des gewürfelten Rands angeordnet.

FLÜGELSPANNWEITE *4–4,8 cm*
FLUGZEIT *V.a. Juni–Juli, manchmal später noch eine zweite Generation*
NAHRUNG DER RAUPE *Wegerich* (Plantago), *Wachtelweizen* (Melampyrum)
ÄHNLICHE ARTEN Melitaea athalia *(rechts), der größere orangefarbene Flecken hat*
VORKOMMEN *Lokal verbreitet*

Wachtelweizen-Scheckenfalter

Melitaea athalia (Nymphalidae)

Wie bei einer so weit verbreiteten Art nicht verwunderlich, variiert das Aussehen der Falter innerhalb dieses Gebietes. Bei den meisten Tieren jedoch sind die orangefarbenen Oberseiten mit einem netzartigen schwarzen Mosaikmuster überzogen. Die Hinterflügel sind dunkler als die Vorderflügel. Sie haben einen dunklen Rand und mindestens zwei konzentrische Reihen orangefarbener Flecken. Auf den Unterseiten des Hinterflügels befinden sich cremeweiße und orangefarbene Bänder, das in der Mitte ist meist am hellsten.

VORKOMMEN: *In bewaldeten Heidegebieten und an Waldrändern, wenn dort die Nahrung der Raupen wächst*

ANMERKUNG

Falter aus dem Südwesten des Verbreitungsgebietes haben sehr helle Flügeloberseiten. Manchmal wirken ihre Muster eher hell gelbbraun als orange. Skandinavische Falter sind hingegen klein und oft matt gefärbt.

FLÜGELSPANNWEITE *4,4–4,8 cm*
FLUGZEIT *Mai–September, mehrere Generationen; im Norden nur eine Generation*
NAHRUNG DER RAUPE *Wiesen-Wachtelweizen* (Melampyrum pratense) *und Spitz-Wegerich* (Plantago lanceolata)
ÄHNLICHE ARTEN Melitaea cinxia *(S. 68)*, Melitaea diamina *(links)*
VORKOMMEN *Verbreitet und lokal häufig; an den Grenzen des Verbreitungsgebietes zum Teil nur stellenweise oder selten*

Westlicher Scheckenfalter

Melitaea parthenoides (Nymphalidae)

Die kräftig gefärbten Oberseiten sind schwarz gezeichnet. Typisch ist die schwarze, geschwungene Linie, die durch die Mitte des Vorderflügels verläuft. Weibchen sind nicht so bunt wie Männchen, das Band durch die Flügelmitte ist blasser.

VORKOMMEN: *Offene, blütenreiche Wiesen vom Tiefland bis zu Berghängen auf 2000 m*

FLÜGELSPANNWEITE *4 cm*
FLUGZEIT *Mai–Juni, im Tiefland zweite Generation im August–September*
NAHRUNG DER RAUPE *Wegerich* (Plantago), *Wachtelweizen* (Melampyrum)
ÄHNLICHE ARTEN Melitaea athalia *(S. 71)*, M. aurelia *(unten)*, M. varia *(rechts)*
VORKOMMEN *Lokal häufig, v. a. im Hügelland*

Ehrenpreis-Scheckenfalter

Melitaea aurelia (Nymphalidae)

Die reich gezeichneten, tief orangefarbenen und schwarzen Flügeloberseiten haben fast ein Schachbrettmuster. Die Ränder sind sehr dunkel und kontrastieren mit dem Weiß im Saum. Die Unterseiten der Vorderflügel tragen dunkle Punkte, die der Hinterflügel orange- und cremefarbene Bänder.

VORKOMMEN: *In Wiesen und Weiden mit Blüten, vom Tiefland bis 1200 m*

FLÜGELSPANNWEITE *3,5 cm*
FLUGZEIT *Juli–August*
NAHRUNG DER RAUPE *Wegerich* (Plantago), *Wachtelweizen* (Melampyrum)
ÄHNLICHE ARTEN Melitaea athalia *(S. 71)*, Melitaea parthenoides *(oben)*, Melitaea varia *(rechts)*
VORKOMMEN *Verbreitet und relativ häufig*

Alpen-Scheckenfalter

Melitaea varia (Nymphalidae)

Dass die Art nur im Hochland lebt, hilft bei der Bestimmung. Die Oberseiten sind hauptsächlich orange, bei Weibchen matter. Im Vergleich zu verwandten Arten sind sie schwächer gezeichnet. In der Mitte des vorderen Randes des Vorderflügels beginnt eine dunkle Zeichnung, die sich unten schwächer wiederholt.

VORKOMMEN: *Nur an grasbewachsenen Hängen mit spärlicher Vegetation in 2000 bis 2500 m Höhe*

FLÜGELSPANNWEITE *3–3,5 cm*
FLUGZEIT *Juli–August*
NAHRUNG DER RAUPE *V.a. Enzian* (Gentiana *und* Gentianella)
ÄHNLICHE ARTEN Melitaea parthenoides, M. aurelia *(links), beide in tieferen Lagen*
VORKOMMEN *Im Verbreitungsgebiet lokal häufig*

Östlicher Scheckenfalter

Melitaea britomartis (Nymphalidae)

Diese Art ist das östliche Gegenstück zum Westlichen Scheckenfalter (links). Die Verbreitungsgebiete der sehr ähnlichen Arten überschneiden sich jedoch kaum. Ein verlässliches Merkmal ist, dass die hellen Bänder auf den Unterseiten der Hinterflügel bei dieser Art matter und dunkler sind.

VORKOMMEN: *In blütenreichen Wiesen, meist im Tiefland, und in schattigem, offenen Waldland*

FLÜGELSPANNWEITE *3,5 cm*
FLUGZEIT *Mai–Juni, zweite Gen. Juli–August*
NAHRUNG DER RAUPE *Wiesen-Wachtelweizen* (Melampyrum pratense), *Wegerich* (Plantago)
ÄHNLICHE ARTEN Melitaea parthenoides *(links)*
VORKOMMEN *Verbreitet und häufig*

VORKOMMEN: *An diversen blütenreichen Stellen wie Feldern, Wegrändern, Gärten und tiefer gelegenen Bergwiesen*

Kleiner Fuchs

Nymphalis urticae (Nymphalidae)

Der Kleine Fuchs ist einer der bekanntesten und am weitesten verbreiteten europäischen Tagfalter. Seine Flügeloberseiten sind orangefarben und kräftig schwarz, gelb, blau und dunkelbraun gezeichnet. Die Unterseiten hingegen sind dunkel. Wenn er mit geschlossenen Flügeln ruht, ist der Falter deshalb gut getarnt. Der Kleine Fuchs erscheint jedes Jahr in zwei oder drei aufeinanderfolgenden Generationen. Falter der letzten Herbstgeneration überwintern oft in Dachstühlen oder Gartenhäuschen. Sie erscheinen dann im zeitigen Frühjahr wieder.

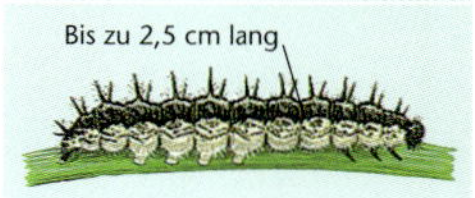

ANMERKUNG

Um den Kleinen Fuchs in den Garten zu locken, muss man nicht nur nektarreiche Pflanzen wie Schmetterlingsflieder (Buddleia) *pflanzen, sondern auch Flecken mit Brennnesseln* (Urtica) *stehen lassen, an denen die Raupen fressen können.*

FLÜGELSPANNWEITE *4,2–4,5 cm*
FLUGZEIT *März–Oktober in mehreren Generationen*
NAHRUNG DER RAUPE *Brennnessel* (Urtica)
ÄHNLICHE ARTEN *Die Flügelunterseiten ähneln denen des viel größeren* Nymphalis polychloros *(S. 86).*
VORKOMMEN *Verbreitet und häufig*

C-Falter

Nymphalis c-album (Nymphalidae)

Dies ist einer der am leichtesten zu bestimmenden Tagfalter Europas. An Farben und Form der Flügel mit den zerfransten Rändern kann man ihn sofort erkennen. Die dunklen Unterseiten zeigen einen weißen Fleck in Form eines »C«.

VORKOMMEN: *In diversen blütenreichen Lebensräumen, an Wegrändern, in Waldland, auf Wiesen und in Gärten*

FLÜGELSPANNWEITE *4,5 cm*
FLUGZEIT *März–September in zwei Generationen; die zweite überwintert*
NAHRUNG DER RAUPE *Brennnessel* (Urtica), *Hopfen* (Humulus), *Ulme* (Ulmus)
ÄHNLICHE ARTEN Libythea celtis *(S. 61)*, Nymphalis egea *(unten)*
VORKOMMEN *Verbreitet und häufig*

Südlicher C-Falter

Nymphalis egea (Nymphalidae)

Diese südliche Art ähnelt dem C-Falter (oben), weist aber doch Unterschiede auf: Die gezackten Flügelränder sind noch eckiger als beim C-Falter. Die weiße Zeichnung unten ähnelt eher einem »Y« als einem »C«. Auch ist die Zahl der dunklen Flecken auf den orangegelben Flügeloberseiten geringer.

VORKOMMEN: *Sonnige, steinige Hänge in Regionen mit mediterranem Klima*

FLÜGELSPANNWEITE *4,5 cm*
FLUGZEIT *Mai–Juni, zweite Generation August–September; sie überwintert und erscheint im März–April wieder*
NAHRUNG DER RAUPE *Mauer-Glaskraut* (Parietaria judaica)
ÄHNLICHE ARTEN Nymphalis c-album *(oben)*
VORKOMMEN *Häufig*

VORKOMMEN: *In blütenreichem Grasland aller Art; dank seines schnellen Fluges und seiner Wanderungen kann er fast überall im Verbreitungsgebiet auftauchen*

Kleiner Perlmutterfalter

Issoria lathonia (Nymphalidae)

Im Verhältnis zu seiner Größe ist dies sicher einer der am schnellsten fliegenden Tagfalter, was sich auch in seinen weiten Wanderungen niederschlägt. Der eher eckige Umriss seiner Flügel hebt ihn von vielen verwandten Arten ähnlicher Größe mit gerundeten Flügeln ab. Das beste Bestimmungsmerkmal sind die zahlreichen großen silbernen Flecken auf der Unterseite der Hinterflügel, die ihn zu einem der am besten bestimmbaren europäischen Tagfalter machen.

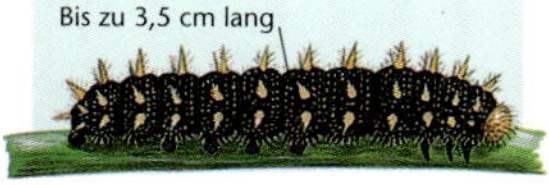

ANMERKUNG

Wenn er gestört wird, fliegt ein Kleiner Perlmutterfalter, der eben noch Nektar getrunken hat, augenblicklich auf und in schnellem, direkten Flug davon. Innerhalb von Sekunden verschwindet er aus dem Blickfeld. Wer ihn von nahem beobachten will, muss sich deshalb sehr still verhalten.

FLÜGELSPANNWEITE *4,2 cm*
FLUGZEIT *Februar–Oktober*
NAHRUNG DER RAUPE *Veilchen* (Viola)
ÄHNLICHE ARTEN *Keine; die großen silbernen Flecken auf der Unterseite des Hinterflügels sind einzigartig und kennzeichnend.*
VORKOMMEN *Verbreitet und häufig; breitet sich in manchen Sommern über die Grenzen seines eigentlichen Verbreitungsgebietes aus*

Stiefmütterchen-Perlmutterfalter

Argynnis niobe (Nymphalidae)

Oben ist er orange und trägt schwarze Linien und Flecken. Es gibt zwei Formen, die sich im Muster der Flügelunterseiten unterscheiden. *A.n. niobe* hat hinten silberweiße Flecken, beim verbreiteteren *A.n. eris* sind sie hell gelbbraun.

VORKOMMEN: *In blütenreichem Grasland, von Wiesen im Tiefland bis zu Berghängen auf 2000 m*

♂◒

A. n. eris ♂◒

FLÜGELSPANNWEITE *4,5–5,5 cm*
FLUGZEIT *Juni–Juli*
NAHRUNG DER RAUPE *Veilchen* (Viola)
ÄHNLICHE ARTEN A. adippe *(S. 85), der auf den Unterseiten hellere Adern hat*
VORKOMMEN A.n. eris *ist häufig und verbreitet,* A.n. niobe *nur in Zentralfrankreich häufig.*

Saumfleck-Perlmutterfalter

Brenthis hecate (Nymphalidae)

Obwohl die Grundfarbe der Unterseiten dieser Art variiert, gibt es Merkmale, die die Bestimmung erleichtern: Man sucht die zwei parallelen Reihen schwarzer Flecken auf den Oberseiten, die in etwa einheitlich groß sind. Wenn sich dieses Muster auf den Unterseiten wiederholt, kann es sich nur um diese Art handeln.

VORKOMMEN: *Auf Hochlandwiesen und grasbewachsenen Hängen, meist zwischen 1000 und 1500 m*

♂◒

◒

FLÜGELSPANNWEITE *4,5–5 cm*
FLUGZEIT *Mai–Juni*
NAHRUNG DER RAUPE *Hornklee* (Lotus) *und andere Schmetterlingsblütler*
ÄHNLICHE ARTEN Brenthis daphne *(S. 78), der auf der Unterseite des Hinterflügels ein breites gelbes Band hat*
VORKOMMEN *Verbreitet und ziemlich häufig*

Brombeer-Perlmutterfalter

Brenthis daphne (Nymphalidae)

VORKOMMEN: *An warmen, sonnigen Hängen mit Büschen und Bäumen, typischerweise in südeuropäischem Tiefland*

Die Art hat breite, runde Flügel. Zwei Reihen dunkler Punkte auf den Oberseiten sind gute Bestimmungsmerkmale. Noch charakteristischer sind die Unterseiten der Hinterflügel. Der äußere Teil ist violett getönt, und an der Flügelbasis befindet sich ein breites helles Band.

FLÜGELSPANNWEITE *4,5–5 cm*
FLUGZEIT *Juni–August*
NAHRUNG DER RAUPE *Brombeere* (Rubus fruticosus), *Veilchen* (Viola)
ÄHNLICHE ARTEN Brenthis hecate *(S. 77), der keine violette Tönung der Unterseite hat,* Brenthis ino *(unten)*
VORKOMMEN *Im Süden relativ häufig*

Mädesüß-Perlmutterfalter

Brenthis ino (Nymphalidae)

VORKOMMEN: *In feuchten Wiesen und Grasland gemäßigter Höhen von 500 bis 1500 m*

Obwohl diese Art dem Brombeer-Perlmutterfalter (oben) stark ähnelt, ist sie kleiner und hat schmalere, weniger gerundete Flügel als dieser. Die violette Marmorierung auf der Unterseite der Hinterflügel ist weniger ausgedehnt. Ein arttypisches Merkmal ist der einzelne hellgelbe Fleck an der Flügelbasis.

FLÜGELSPANNWEITE *4–4,5 cm*
FLUGZEIT *Juni–August*
NAHRUNG DER RAUPE *Echtes Mädesüß* (Filipendula ulmaria), *Großer Wiesenknopf* (Sanguisorba officinalis)
ÄHNLICHE ARTEN B. daphne *(oben), der an der Flügelbasis keinen hellen Fleck hat*
VORKOMMEN *Verbreitet, aber lokal*

VORKOMMEN: *In offenem, sonnigen Waldland und angrenzenden Wiesen oberhalb von 1500 m*

Natterwurz-Perlmutterfalter

Boloria titania (Nymphalidae)

Typisch sind die pfeilförmigen dunklen Flecken auf den Flügeloberseiten. Auch die violette Tönung auf den Unterseiten der Hinterflügel ist ein gutes Bestimmungsmerkmal. Die Form, die in den Alpen vorkommt, ist stärker gezeichnet, das Violett auf den Hinterflügeln ist bei ihr besonders intensiv.

FLÜGELSPANNWEITE *5 cm*
FLUGZEIT *Juni–August*
NAHRUNG DER RAUPE *Veilchen* (Viola)
ÄHNLICHE ARTEN Brenthis daphne *(links), der auf der Unterseite ein helles Band hat*
VORKOMMEN *In geeigneten Lebensräumen im Hochland lokal häufig*

VORKOMMEN: *Blütenreiche Felder und Wiesen, oft im Hügelland, mit mediterranem Klima*

Leinkraut-Scheckenfalter

Melitaea deione (Nymphalidae)

Er ähnelt dem Wachtelweizen-Scheckenfalter (S. 71), jedoch ohne den auffälligen dunklen Rand entlang dem hellen Band unten auf den Vorderflügeln. Weibchen sind leichter bestimmbar, da sie auf den Oberseiten gelbe und orangefarbene, von schwarzen Linien getrennte Bänder zeigen.

FLÜGELSPANNWEITE *4 cm*
FLUGZEIT *Mai–Juni, manchmal zweite Generation im August–September*
NAHRUNG DER RAUPE *Leinkraut* (Linaria)
ÄHNLICHE ARTEN Melitaea athalia *(S. 71), der auf der Unterseite des Vorderflügels einen dunklen Rand hat*
VORKOMMEN *Im Süden lokal häufig*

VORKOMMEN: *Auf Bergheiden mit Wacholder* (Juniperus) *und Heidelbeere* (Vaccinium)

Veilchen-Scheckenfalter

Euphydryas cynthia (Nymphalidae)

Männchen haben auf den Oberseiten eine typische weiße Zeichnung. Weibchen sind schwerer bestimmbar, langgestreckte Flügel und begrenzte Verbreitung schließen jedoch die meisten anderen Arten aus. In tiefen Lagen sind beide Geschlechter orangebraun, die Hochlandform ist dunkel.

FLÜGELSPANNWEITE *4,5–5 cm*
FLUGZEIT *Juli–August*
NAHRUNG DER RAUPE *Wegerich* (Plantago), *Frauenmantel* (Alchemilla), *Veilchen* (Viola)
ÄHNLICHE ARTEN Euphydryas maturna *(unten)*, Euphydryas aurinia *(rechts)*
VORKOMMEN *Lokal, in geeigneten Lebensräumen jedoch ziemlich häufig*

VORKOMMEN: *Nur in sonnigem, offenen Wald, wo die Frühjahrs- und Sommernahrung der Larven wächst*

Eschen-Scheckenfalter

Euphydryas maturna (Nymphalidae)

Dieser attraktiv gezeichnete Schmetterling hat auf den Flügeloberseiten orangerote und schwarzbraune Bänder und Reihen heller Flecken. Die Flügelunterseiten sind orangefarben mit hellen Bändern und Flecken. Wie andere Arten der Gattung Euphydryas hat er relativ lange und schmale Flügel.

FLÜGELSPANNWEITE *4,5–5 cm*
FLUGZEIT *Mai–Juli*
NAHRUNG DER RAUPE *Pappel* (Populus) *und Esche* (Fraxinus) *im Sommer, Wegerich* (Plantago) *im Frühjahr*
ÄHNLICHE ARTEN *Weibchen von* Euphydryas cynthia *(oben)*, Euphydryas aurinia *(rechts)*
VORKOMMEN *Lokal und meist selten*

Skabiosen-Scheckenfalter

Euphydryas aurinia (Nymphalidae)

Obwohl diese Art in der Färbung sehr variabel ist, sind die Flügel, die bei dieser Gattung vergleichsweise schmal sind, mosaikartig orangerot, hell gelbbraun und braun gezeichnet. Die Flügelunterseiten sind ähnlich attraktiv, die Farben aber gedämpfter. Der Skabiosen-Scheckenfalter ist ziemlich träge, sitzt meist auf niedriger Vegetation und sonnt sich mit geöffneten Flügeln, wobei man ihn aus der Nähe beobachten kann. Die Weibchen sind für gewöhnlich größer als die Männchen.

VORKOMMEN: *Grasbewachsene, oft feuchte Gebiete, aber auch trockene Hänge und Moore bis 2000 m Höhe*

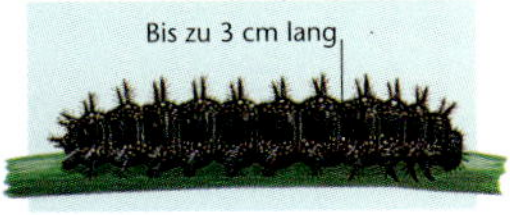

ANMERKUNG

Der Skabiosen-Scheckenfalter ist die am weitesten verbreiteten Art der Gattung Euphydryas *und eine der häufigsten dieser Gruppe, die sich durch relativ schmale Flügel auszeichnet. Man trifft ihn oft im Grasland an. An trüben Tagen kann er überraschend schwer zu sehen sein, da er sich gerne im dichten Blätterwerk versteckt.*

FLÜGELSPANNWEITE *4,5–5,2 cm*
FLUGZEIT *Mai–Juli*
NAHRUNG DER RAUPE *Gewöhnlicher Teufelsabbiss* (Succisa pratensis), *Skabiose* (Scabiosa), *Wegerich* (Plantago)
ÄHNLICHE ARTEN *Weibchen von* Euphydrias cynthia *(links)*, Euphydryas maturna *(links)*
VORKOMMEN *Verbreitet und lokal häufig, die Populationen schwanken jedoch von Jahr zu Jahr.*

Monarchfalter

Danaus plexippus (Danaidae)

VORKOMMEN: *Während der Wanderungsperioden an offenen, grasbewachsenen Westküsten*

Er hat orangefarbene Flügel mit einem Netz schwarzer Adern. Ein breites schwarzes Band mit weißen Flecken verläuft entlang der Ränder. Die Art stammt aus Nordamerika und wandert dort über weite Strecken. Mit Herbststürmen verdriften dabei oft Teile der Population über den Atlantik nach Europa.

FLÜGELSPANNWEITE *10 cm*
FLUGZEIT *September und Anfang Oktober*
NAHRUNG DER RAUPE *Seidenpflanze* (Asclepias), *vermehrt sich aber in Europa nicht*
ÄHNLICHE ARTEN *Keine*
VORKOMMEN *Jährlich in kleinen Zahlen während oder nach Stürmen aus westlicher Richtung*

Erdbeerbaumfalter

Charaxes jasius (Nymphalidae)

VORKOMMEN: *Nur in Hartlaubgebüschen im Mittelmeergebiet, wo die Nahrung der Larve wächst*

Mit den zwei Schwanzanhängen und der kontrastreichen Färbung ähnelt er den Schwalbenschwänzen. Die Oberseiten sind orangefarben und dunkelbraun. Die Unterseiten sind auffälliger, mit einem raffinierten kastanienbraunen und weißen Muster und einer Reihe blauer Flecken.

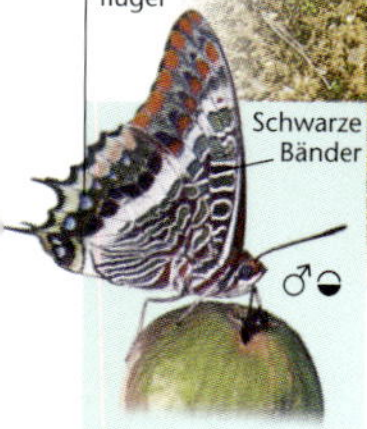

FLÜGELSPANNWEITE *7,5–8 cm*
FLUGZEIT *Mai–Juni und August–September, zwei Generationen*
NAHRUNG DER RAUPE *Erdbeerbaum* (Arbutus unedo)
ÄHNLICHE ARTEN *Keine*
VORKOMMEN *In seinem südeuropäischen Verbreitungsgebiet lokal häufig*

Kaisermantel

Argynnis paphia (Nymphalidae)

Im größten Teil seines Verbreitungsgebietes kann ein geübter Beobachter den Kaisermantel höchstwahrscheinlich an seiner überdurchschnittlichen Größe und seinem schnellen, gleitenden Flug erkennen. Bei einem ruhenden Falter erkennt man, dass die Vorderflügel relativ eckig sind, die Hinterflügel hingegen groß und gerundet. Bei den meisten Exemplaren ist die Grundfarbe der Oberseiten orange. Die hell braungelben und grünlichen Unterseiten tragen silberne Bänder.

VORKOMMEN: *Waldgebiete, v.a. Lichtungen und Waldränder mit Brombeeren, die dem Falter Nektarquellen bieten*

ANMERKUNG

Die Weibchen treten in zwei Farbvarianten auf. Meist ähneln sie den Männchen, sind aber matter und stärker gefleckt. Bei der Form A. p. valesina *sind die Oberseiten grünbraun, sie ähnelt dem Kardinal* (*S. 84*).

FLÜGELSPANNWEITE *6 cm*
FLUGZEIT *Juni–August*
NAHRUNG DER RAUPE *Veilchen* (Viola)
ÄHNLICHE ARTEN Argynnis pandora *(S. 84), dessen vordere Unterseiten dunkelrosa, die hinteren grünlich sind*
VORKOMMEN *Verbreitet und in alten Laubwäldern lokal häufig*

Kardinal

Argynnis pandora (Nymphalidae)

Obwohl er auf den ersten Blick dem Kaisermantel ähnelt, sind die dunklen Zeichnungen wesentlich ausgeprägter, vor allem bei Weibchen. Die Grundfarbe der Oberseiten ist orangebraun mit ausgedehnter grüner Bestäubung. Die Unterseiten der Vorderflügel sind dunkelrosa mit schwarzen Flecken, die der Hinterflügel blassgrün mit schwachen Silberstreifen.

VORKOMMEN: *An grasbewachsenen Waldrändern, auf Lichtungen und blütenreichen Wiesen*

FLÜGELSPANNWEITE *7–8 cm*
FLUGZEIT *Mai–Juli*
NAHRUNG DER RAUPE *Wildes Stiefmütterchen* (Viola tricolor) *und andere Veilchenarten*
ÄHNLICHE ARTEN Argynnis paphia *(S. 83), der eine silberne Zeichnung auf der Unterseite der Hinterflügel hat*
VORKOMMEN *Lokal häufig*

Großer Perlmutterfalter

Argynnis aglaja (Nymphalidae)

Die Art liebt offene Lebensräume. Sie fliegt schnell und direkt, auch bei starkem Wind. Oft trinkt sie an Disteln und Flockenblumen. Wie die meisten Perlmutterfalter hat sie orangefarbene Flügeloberseiten mit dunklen Flecken. Die Unterseiten der Hinterflügel sind grün mit weißen Flecken.

VORKOMMEN: *In grasbewachsenen Gebieten, auf Dünen, im Tiefland und in offenen Mooren*

FLÜGELSPANNWEITE *6–6,5 cm*
FLUGZEIT *Juni–August*
NAHRUNG DER RAUPE *Veilchen* (Viola)
ÄHNLICHE ARTEN Argynnis adippe *(rechts), bei dem die Unterseiten der Hinterflügel beige mit einem Halbmond brauner Flecken sind*
VORKOMMEN *Verbreitet und lokal häufig*

Feuriger Perlmutterfalter

Argynnis adippe (Nymphalidae)

Dieser Schmetterling hat einen schnellen, kräftigen Flug und ruht bei sonnigem Wetter scheinbar nur, um an Brombeerblüten Nektar zu trinken. Die Flügeloberseiten haben eine orangebraune Grundfarbe mit auffallenden schwarzen Flecken und Streifen. Die Unterseiten der Vorderflügel sind hell orangebraun, die der Hinterflügel beige, oft mit grünlicher Tönung. Die Hinterflügel tragen auffallende weiße Flecken und einen typischen Halbmond kastanienbrauner Punkte. Das Männchen ist kleiner als das Weibchen. Diese Art ist unter den größeren, schnell fliegenden Perlmutterfaltern diejenige, die man im Hochland am wahrscheinlichsten antrifft. In den letzten Jahrzehnten wurde sie allerdings in vielen Gegenden selten.

VORKOMMEN: *In sonnigen Waldungen und grasbewachsenem Buschland mit offenen Flächen und spärlicher Vegetation bis 2000 m*

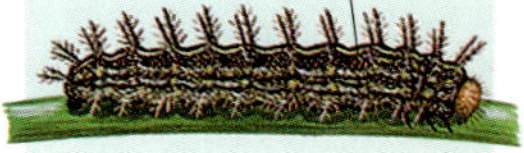

ANMERKUNG

Obwohl die Flügelunterseiten variabel sind, vor allem die Ausdehnung der grünen Bestäubung, ist der Halbmond aus kastanienbraunen Punkten bei beiden Geschlechtern ein verlässliches Merkmal.

FLÜGELSPANNWEITE *6–6,5 cm*
FLUGZEIT *Juli–August*
NAHRUNG DER RAUPE *Veilchen* (Viola)
ÄHNLICHE ARTEN Argynnis aglaja *(links), der grüne Unterseiten der Hinterflügel ohne braune Punkte hat*
VORKOMMEN *Verbreitet, aber lokal*

VORKOMMEN: *Hecken, offenes Waldland und Feldränder, v.a. mit Ulmenbestand; bis 2000 m Höhe*

Großer Fuchs

Nymphalis polychloros (Nymphalidae)

Er ist aktiv und fliegt schnell. Obwohl er sich bisweilen auf dem blanken Boden oder Baumstümpfen sonnt, hält er sich meist in Baumkronen auf, sodass es schwierig ist, ihn aus der Nähe zu beobachten. Die orangefarbenen Oberseiten tragen rechteckige schwarze Flecken. Wenn man die Hinterflügel betrachtet, sieht man blaue, halbmondförmige Flecken entlang des schwarzen Randes. Die Unterseiten sind rußbraun marmoriert. So ist der Falter getarnt, wenn er mit geschlossenen Flügeln auf Baumrinde sitzt. Er trinkt oft Honigtau und Baumsaft.

ANMERKUNG

Der Große Fuchs überwintert typischerweise in Spalten und Baumhöhlen. Man kann ihn während dieser Zeit aber auch in Gartenschuppen oder Kellern innerhalb seines Verbreitungsgebiets finden.

FLÜGELSPANNWEITE *8 cm*
FLUGZEIT *Juni–August, nach der Winterstarre März–April*
NAHRUNG DER RAUPE *V.a. Ulme* (Ulmus), *auch Weide* (Salix) *und Pappel* (Populus)
ÄHNLICHE ARTEN Nymphalis c-album *(S. 75)*
VORKOMMEN *Verbreitet und lokal häufig; die Art ist durch das Ulmensterben stark betroffen.*

Osterluzeifalter

Zerynthia polyxena (Papilionidae)

VORKOMMEN: *Mediterrane Lebensräume mit Gebüschen; besucht gelegentlich angrenzende blütenreiche Wiesen*

Er ist das östliche Gegenstück zum Spanischen Osterluzeifalter (unten), die Gebiete überschneiden sich kaum. Die schwarze Zeichung ist variabel, auf der Oberseite befindet sich nahe des Vorderrandes oft ein kleiner roter Fleck. Diese Art hat eine hellere Grundfarbe und weniger rote Flecken als der Spanische Osterluzeifalter.

Raupe nicht ausreichend bekannt

FLÜGELSPANNWEITE *4,5–5 cm*
FLUGZEIT *April–Juni*
NAHRUNG DER RAUPE *Osterluzei* (Aristolochia clematitis *oder* rotunda)
ÄHNLICHE ARTEN Zerynthia rumina *(unten), der dunkler gelb ist und mehr rote Flecken trägt*
VORKOMMEN *Lokal häufig*

Spanischer Osterluzeifalter

Zerynthia rumina (Papilionidae)

VORKOMMEN: *Offene mediterrane Lebensräume mit Gebüschen: Hartlaubgebüsche mit steinigem Grund und brachliegende Felder*

Die Oberseiten tragen ein Mosaik aus Cremegelb, Schwarz und Rot. In seinem Verbreitungsgebiet ist er fast unverwechselbar, obwohl sein Aussehen variabel ist. Er ist einer der ersten Falter, die im Frühjahr in seiner Region fliegen.

FLÜGELSPANNWEITE *4,5–5,5 cm*
FLUGZEIT *März–Mai*
NAHRUNG DER RAUPE *Osterluzei* (Aristolochia clematitis *oder* rotunda)
ÄHNLICHE ARTEN Zerynthia polyxena *(oben), der weniger gezeichnet ist*
VORKOMMEN *Lokal häufig, nimmt jedoch aufgrund veränderter Landnutzung ab*

VORKOMMEN: *An blütenreichen, grasbewachsenen Stellen, oft in Gärten. Da der Distelfalter ein ausgesprochener Wanderfalter ist, kann er überall im Gebiet auftauchen.*

Distelfalter

Vanessa cardui (Nymphalidae)

Mit seinen charakteristisch gemusterten lachsrosa Flügeloberseiten ist der Distelfalter eine der am einfachsten zu erkennenden europäischen Arten, sogar im Flug. Obwohl die Unterseiten matter gefärbt sind, ist das Muster ähnlich wie das der Oberseiten. In Nordafrika und Südeuropa kommt die Art ganzjährig vor, weiter nördlich ist sie nur Sommergast und erscheint in geringer Zahl. Viele dieser Falter sterben bei den ersten Herbstfrösten, manche wandern aber in mildere Regionen im Mittelmeerraum.

ANMERKUNG

Wenn der Distelfalter an Blüten von Disteln bzw. Kratzdisteln (Carduus/Cirsium) *oder Flockenblumen* (Centaurea) *Nektar trinkt, nimmt er es meist nicht wahr, wenn sich ein Beobachter nähert. Hierbei kann man diese Art hervorragend beobachten.*

FLÜGELSPANNWEITE *6 cm*
FLUGZEIT *März–November im Süden; weiter nördlich April–Oktober*
NAHRUNG DER RAUPE *Distel/Kratzdistel* (Carduus/Cirsium), *Brennnessel* (Urtica)
ÄHNLICHE ARTEN *Keine*
VORKOMMEN *Wandernde Art: im Süden verbreitet und häufig; weiter nördlich schwanken die Zahlen von Jahr zu Jahr, im Spätsommer ist der Falter jedoch meist häufig.*

Admiral

Vanessa atalanta (Nymphalidae)

Da er häufig Gärten besucht, ist er einer der bekanntesten Tagfalter. Schwarze Oberseiten tragen rote Bänder und weiße Flecken und auf den Hinterflügeln je einen blauen Punkt. Die Unterseiten der Vorderflügel sind ähnlich gefärbt und gemustert und tragen je einen rosa Fleck. Wenn er ruht, sind sie jedoch meist von der Unterseite der Hinterflügel bedeckt, die in braunem, schwarzem und bläulichem Tarnmuster gezeichnet sind.

VORKOMMEN: *Fast alle blütenreichen Lebensräume wie Wiesen, Wegränder, Hecken, Parks und Gärten*

ANMERKUNG

Der Admiral trinkt im Herbst gerne die Flüssigkeit von faulenden Äpfeln und anderem Fallobst. Er kommt bei seiner Nahrungssuche sogar auf die Hand, wenn man einen Apfel oder eine Birne hält.

FLÜGELSPANNWEITE *6 cm*
FLUGZEIT *Mai–Oktober und nach der Winterstarre März und April*
NAHRUNG DER RAUPE *Brennnessel* (Urtica)
ÄHNLICHE ARTEN *Keine*
VORKOMMEN *Im Süden während des ganzen Jahres häufig. Im Norden überleben wenige Falter die Winterstarre, die Art erscheint aber häufig als Wanderfalter.*

Tagpfauenauge

Nymphalis io (Nymphalidae)

VORKOMMEN: *Grasbewachsene Lebensräume wie Wegränder, Hecken, Wiesen, Gärten und Parks*

Wie einige seiner farbenfrohen Verwandten ist das Tagpfauenauge in Gärten ein häufiger Besucher, wo es Nektar trinkt. Besonders liebt es die Blüten des Schmetterlingsflieders und der Mittagsblume.

Wenn es mit geschlossenen Flügeln ruht, sieht es mit den gezackten Rändern wie ein welkes Blatt oder Baumrinde aus und ist hervorragend getarnt. Wenn er gestört wird, öffnet der Falter plötzlich die Flügel, und die Augenflecken, die dann sichtbar werden, erschrecken und verjagen mögliche Feinde.

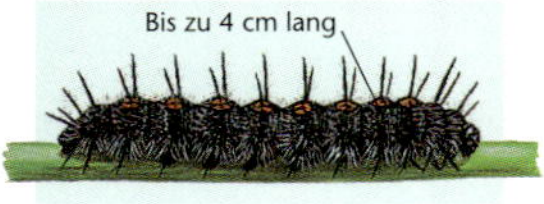

ANMERKUNG

Die Raupen leben gesellig und weben auffällige Gespinste an ihren Nahrungspflanzen. Während der Sommermonate kann man zwischen den Brennnesseln auf solche Gebilde stoßen.

FLÜGELSPANNWEITE *6 cm*
FLUGZEIT *Juli–September, nach der Winterstarre März–Mai*
NAHRUNG DER RAUPE *Brennnessel* (Urtica)
ÄHNLICHE ARTEN *Keine*
VORKOMMEN *Verbreitet und häufig; im Garten einer der häufigsten Tagfalter*

Trauermantel

Nymphalis antiopa (Nymphalidae)

Obwohl der Trauermantel nicht zu den farbenprächtigsten Schmetterlingen gehört, machen ihn seine rotbraunen Flügeloberseiten mit dem cremeweißen Rand und der Linie blauer Punkte sehr attraktiv. Die schnell fliegende Art flattert oft in beachtlicher Höhe um Baumwipfel. Zum Glück für Beobachter fliegt der Trauermantel aber häufig auch tiefer oder sonnt sich auf dem blanken Boden oder auf Baumstämmen.

VORKOMMEN: *Offenes Waldland und Hänge mit Gebüschen; vom Tiefland bis 2000 m Höhe*

ANMERKUNG

Der Trauermantel ist ein ausgesprochener Wanderfalter und überall kann im Verbreitungsgebiet auftauchen. Manchmal fliegt er auch übers Meer, beispielsweise über die Nordsee. Er taucht dann an der Ostküste Englands auf, obwohl Großbritannien nicht zu seinem eigentlichen Verbreitungsgebiet gehört.

FLÜGELSPANNWEITE *8 cm*
FLUGZEIT *Juni–August und nach der Winterstarre März–April*
NAHRUNG DER RAUPE *Weide* (Salix), *Birke* (Betula) *und Ulme* (Ulmus)
ÄHNLICHE ARTEN *Keine; bei älteren Faltern kann der helle Rand allerdings abgetragen sein, was verwirrend wirken kann.*
VORKOMMEN *Verbreitet, aber selten besonders häufig; nimmt in Teilen seines Verbreitungsgebietes ab*

Blauer Eichen-Zipfelfalter

Favonius quercus (Lycaenidae)

VORKOMMEN: *In alten Eichenbeständen; manchmal finden sich Kolonien in einzeln stehenden Eichen*

Ihn kennt man in vielen Teilen Europas als Waldfalter. Oft sieht man einzelne Tiere hoch zwischen den Wipfeln fliegen. An trüben Tagen und bei Regen kommt er oft tiefer herab und sitzt in Augenhöhe auf Blättern. Anders als andere Zipfelfalter sonnt er sich mit geöffneten Flügeln und zeigt die violettblaue Färbung seiner Oberseiten. Der Blaue Eichen-Zipfelfalter hat kleine Schwanzanhänge an den Hinterflügeln. Die Flügelunterseite ist hell graubraun mit weißen Streifen auf beiden Flügeln.

ANMERKUNG

An seinem Lebensraum und der Verbreitung kann man den Blauen Eichen-Zipfelfalter vom Spanischen Blauen Zipfelfalter (rechts) unterscheiden. Ersterer kommt in Eichenwäldern fast überall in Europa vor, letzterer in Eschenbeständen in Südwesteuropa.

FLÜGELSPANNWEITE *3,8–4 cm*
FLUGZEIT *Juni–August*
NAHRUNG DER RAUPE *Eiche* (Quercus)
ÄHNLICHE ARTEN Laeosopis roboris *(rechts), der auf den Unterseiten ein orangefarbenes Band mit schwarzen Pfeilen und keine Schwanzanhänge hat*
VORKOMMEN *Verbreitet und lokal häufig*

Spanischer Blauer Zipfelfalter

Laeosopis roboris (Lycaenidae)

Diese Falter fliegen meist hoch in Baumwipfeln. Oft trinken sie jedoch Nektar an Blüten am Wegrand, wobei man sie von nahem beobachten kann. Die schwarzen Flügeloberseiten haben einen violettblauen Schimmer, der bei Männchen ausgedehnter ist als bei Weibchen. Die Unterseiten beider Geschlechter sind hellgrau mit orangefarbenem Rand.

VORKOMMEN: *Offenes, sonniges Waldland mit vielen Eschen vom Tiefland bis 1500 m Höhe*

Raupe nicht ausreichend bekannt

FLÜGELSPANNWEITE *3,8–4 cm*
FLUGZEIT *Mai–Juli*
NAHRUNG DER RAUPE *Esche* (Fraxinus)
ÄHNLICHE ARTEN Favonius quercus *(links), der auf der Unterseite einen weißen Streifen und Schwanzanhänge hat*
VORKOMMEN *In seinem südlichen Verbreitungsgebiet lokal häufig*

Kleiner Schillerfalter

Apatura ilia (Nymphalidae)

Die schnell fliegende Art hält sich meist in Baumkronen auf, kommt aber auch auf den Boden, um an Pfützen zu trinken. Männchen haben violettblau schillernde Oberseiten. Weibchen sind oben braun und tragen dieselbe weiße Zeichnung.

VORKOMMEN: *Typischerweise feuchtes Waldland mit hohen alten Bäumen, oft an Wasserläufen*

FLÜGELSPANNWEITE *5,5–6 cm*
FLUGZEIT *Mai–Juni, manchmal zweite Generation im August–September*
NAHRUNG DER RAUPE *Pappel* (Populus), *Weide* (Salix)
ÄHNLICHE ARTEN Apatura iris *(S. 94)*
VORKOMMEN *Lokal, im Süden seines Verbreitungsgebietes aber recht häufig*

Großer Schillerfalter

Apatura iris (Nymphalidae)

VORKOMMEN: *Alte Eichenbestände mit hohen Bäumen, wo die Männchen Territorien verteidigen*

Er ist nicht nur schön, sondern auch einer der am verborgensten lebenden Tagfalter. Wer ihn zu sehen bekommt, hat großes Glück. Große Schillerfalter verbringen die meiste Zeit damit, um die Kronen großer Eichen zu fliegen. Die Flügelzeichnung ist bei beiden Geschlechtern fast gleich, die Flügeloberseiten der Männchen schillern jedoch wunderbar violettblau, wenn man sie aus einem bestimmten Winkel betrachtet.

ANMERKUNG

Der Große Schillerfalter hat die etwas unappetitliche Angewohnheit, Flüssigkeit an Aas und frischem Dung zu saugen. Deshalb kommt er gelegentlich auf den Boden, wo er hervorragend beobachtet werden kann.

FLÜGELSPANNWEITE *6–6,5 cm*
FLUGZEIT *Juli–August*
NAHRUNG DER RAUPE *Weide, v.a. Sal-Weide* (Salix caprea)
ÄHNLICHE ARTEN Apatura ilia *(S. 93), der auf den Oberseiten beider Flügelpaare orangefarbene Augenflecken hat; diese Art hat nur je einen auf den Hinterflügeln.*
VORKOMMEN *Verbreitet und lokal häufig; kann aber leicht übersehen werden, da er sich meist in Baumkronen aufhält.*

Rotbraunes Ochsenauge

Pyronia tithonus (Satyridae)

Das Rotbraune Ochsenauge fliegt, wenn die Brombeeren in voller Blüte sind, und kann dann beim Nektartrinken beobachtet werden. Die Oberseiten sind tief orangefarben mit braunem Rand und einem doppelten Augenfleck mit zwei kleinen hellen Punkten auf jedem Vorderflügel. Die Färbung der Unterseiten ist ähnlich, die Hinterflügel sind jedoch marmoriert. Männchen sind kleiner als Weibchen, haben kräftiger gefärbte Flügel und auf den Vorderflügeln je einen dunklen Fleck.

VORKOMMEN: *Wiesen, Hecken und Waldränder, meist vom Tiefland bis etwa 750 m Höhe*

ANMERKUNG

Im Großteil seines Verbreitungsgebietes ist dies der häufigste der kleinen bis mittelgroßen Augenfalter, und man kann ihn häufig beobachten, wenn er an Blüten von Brombeeren oder anderen Hecken- und Wiesenpflanzen Nektar trinkt.

FLÜGELSPANNWEITE *4 cm*
FLUGZEIT *Juli–August*
NAHRUNG DER RAUPE *Verschiedene Gräser (Familie* Poaceae*)*
ÄHNLICHE ARTEN Pyronia cecilia *(S. 96), der gerundetere Flügel und größere weiße Punkte auf den Augenflecken hat;* Pyronia bathseba *(S. 96), der auf der Unterseite ein weißes Band hat*
VORKOMMEN *Verbreitet und häufig*

Ochsenauge

VORKOMMEN: *Sonnige, grasbewachsene Stellen, vorwiegend in mediterranem Klima*

Pyronia cecilia (Satyridae)

Obwohl es dem Rotbraunen Ochsenauge (S. 95) ähnelt, hat es typische Merkmale. Die Flügel sind runder, die zwei hellen Punkte in den Augenflecken vorn sind größer. Bei Männchen sind die dunklen Flecken auf den Vorderflügeln von hellen Adern durchbrochen.

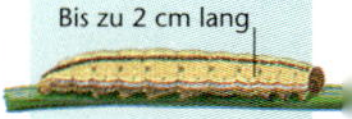

FLÜGELSPANNWEITE *3,5 cm*
FLUGZEIT *Mai–August*
NAHRUNG DER RAUPE *Verschiedene Gräser* (Poaceae), *v.a. Schmiele* (Deschampsia)
ÄHNLICHE ARTEN Pyronia tithonus *(S. 95)*, Maniola bathseba *(unten)*
VORKOMMEN *Im südlichen Verbreitungsgebiet häufig*

Spanisches Ochsenauge

VORKOMMEN: *Sonniges, verwildertes Grasland und Ränder offenen Waldlandes, meist unter 1000 m*

Pyronia bathseba (Satyridae)

Dieser Falter kann an dem einfachen schwarzen Augenfleck auf dem Vorderflügel und je dreien auf dem Hinterflügel bestimmt werden. Alle sind auch auf der Unterseite sichtbar. Auch das cremeweiße Band auf der Unterseite des Hinterflügels ist ein gutes Merkmal.

FLÜGELSPANNWEITE *3,5–5 cm*
FLUGZEIT *April–Juli*
NAHRUNG DER RAUPE *Verschiedene Gräser* (Poaceae), *v.a. Zwenke* (Brachypodium)
ÄHNLICHE ARTEN Pyronia tithonus *(S. 95)*, Pyronia cecilia *(oben)*
VORKOMMEN *Lokal relativ häufig*

Raupe nicht ausreichend bekannt

VORKOMMEN: *Unterschiedliches Grasland wie Wiesen, Wegränder und Heidegebiete vom Tiefland bis 2000 m*

Kleines Wiesenvögelchen

Coenonympha pamphilus (Satyridae)

Obwohl klein und nicht sehr bunt, ist das Kleine Wiesenvögelchen im Gelände leicht zu finden. In geeignetem Lebensraum ist es oft sehr häufig, deshalb dürfte es nicht schwer zu beobachten sein. An trüben Tagen sitzt es auf Grashalmen oder Stängeln, und man kann seine braunen und grauen Unterseiten beobachten. Der Vorderflügel trägt kleine, aber auffallende schwarze Augenflecken.

ANMERKUNG

Das Kleine Wiesenvögelchen hält beim Ruhen und Nektartrinken die Flügel geschlossen. Man kann fast nie die Oberseiten sehen. An seiner geringen Größe und der Unterseiten kann man es meist trotzdem bestimmen.

FLÜGELSPANNWEITE *3 cm*
FLUGZEIT *Mai–September in mehreren Generationen*
NAHRUNG DER RAUPE *Verschiedene Gräser (Familie* Poaceae*), v. a. Schwingel* (Festuca)
ÄHNLICHE ARTEN Coenonympha dorus *(S. 98),* Coenonympha arcania *(S. 99),* Coenonympha tullia *(S. 105)*
VORKOMMEN *In der Region einer der häufigsten und verbreitetsten Tagfalter, der aber durch Lebensraumzerstörung lokal ausgestorben ist*

Augenfalter

Coenonympha dorus (Satyridae)

VORKOMMEN: *Sonnige, offene Hänge in mediterranem Klima bis 2000 m Höhe*

Ruhende Falter dieser Art zeigen ihre Oberseiten nie. Die Unterseiten sind jedoch typisch genug: Die orangebraunen Vorderflügel tragen je einen Augenfleck, die Hinterflügel einen gezackten hellen Streifen mit Augenflecken entlang des Randes. Die Oberseiten sind rußig orangebraun, alle Flügel tragen dunkle Augenflecken.

Raupe nicht ausreichend bekannt

FLÜGELSPANNWEITE *3,5 cm*
FLUGZEIT *Juni–Juli*
NAHRUNG DER RAUPE *Gräser (Familie* Poaceae), *v. a. Schwingel* (Festuca)
ÄHNLICHE ARTEN Coenonympha pamphilus *(S. 97);* Coenonympha arcania *(rechts)*
VORKOMMEN *Lokal relativ häufig*

Moor-Wiesenvögelchen

Coenonympha oedippus (Satyridae)

VORKOMMEN: *Feuchte Wiesen, Heidegebiete und Waldränder unter 750 m Höhe*

Die Flügel sind sehr rund. Die Oberseiten, die man nur selten sieht, sind rußbraun. Die orangebraunen Unterseiten tragen Augenflecken, die auf den Hinterflügeln einen Halbmond bilden. Zahl und Größe der Flecken auf den Vorderflügeln variieren. Weibchen sind stärker gefärbt als Männchen.

FLÜGELSPANNWEITE *4–4,5 cm*
FLUGZEIT *Juni–Juli*
NAHRUNG DER RAUPE *Verschiedene Gräser (Familie* Poaceae*)*
ÄHNLICHE ARTEN Coenonympha hero *(rechts),* Aphantopus hyperantus *(S. 142)*
VORKOMMEN *Sehr lokal häufig, durch Lebensraumverlust jedoch stark gefährdet*

Weißbindiges Wiesenvögelchen

Coenonympha arcania (Satyridae)

Die Unterseite ist das beste Merkmal. Die orangebraunen Vorderflügel tragen einen Augenfleck, die Hinterflügel einen weißen Streifen am Außenrand mit kleinen Augenflecken. Einige haben noch einen Fleck am Vorderrand des Hinterflügels.

VORKOMMEN: *Grasbewachsene Hänge und Ränder offenen Waldlandes; bis 2000 m Höhe, meist aber in tieferen Lagen*

FLÜGELSPANNWEITE *3,5 cm*
FLUGZEIT *Juni–Juli*
NAHRUNG DER RAUPE *Verschiedene Gräser (Familie* Poaceae*), v.a. Trespe* (Bromus) *und Perlgras* (Melica)
ÄHNLICHE ARTEN Coenonympha pamphilus *(S. 97),* Coenonympha dorus *(links)*
VORKOMMEN *Verbreitet und lokal häufig*

Wald-Wiesenvögelchen

Coenonympha hero (Satyridae)

Die Unterseiten sind orangebraun. Die Hinterflügel tragen gezackte weiße Linien und Halbmonde aus dunklen Augenflecken mit orangefarbenen Rändern. Beide Flügel haben orangebraune Ränder und eine helle Linie. Die Oberseiten tragen am Hinterflügel Augenflecken mit orangefarbenem Rand.

VORKOMMEN: *Auf Wiesen und an Rändern offener Waldungen, meist in feuchten Gebieten bis 750 m Höhe*

FLÜGELSPANNWEITE *3,8–4 cm*
FLUGZEIT *Mai–Juli*
NAHRUNG DER RAUPE *Verschiedene Gräser (Familie* Poaceae*)*
ÄHNLICHE ARTEN Coenonympha oedippus *(links), der gelbrandige Augenflecken auf den Unterseiten hat*
VORKOMMEN *Verbreitet, aber lokal*

VORKOMMEN: *Nur auf Bergwiesen und grasbewachsenen Hängen in 1000 bis 2500 m Höhe*

Alpen-Wiesenvögelchen

Coenonympha gardetta (Satyridae)

Diese kleine Hochlandart zeigt in Ruhe ihre Flügeloberseiten nicht. Diese sind braun mit einer variablen orangefarbenen Tönung an den Innenseiten der Vorderflügel. Die Unterseiten der Vorderflügel sind orangebraun mit grauem Rand, die der Hinterflügel graubraun mit einem weißen Band mit schwarzen Augenflecken.

FLÜGELSPANNWEITE *3,5 cm*
FLUGZEIT *Juli–August*
NAHRUNG DER RAUPE *Verschiedene Gräser (Familie* Poaceae*)*
ÄHNLICHE ARTEN Coenonympha arcania *(S. 99),* Coenonympha glycerion *(unten)*
VORKOMMEN *In geeigneter Höhenlage lokal häufig*

VORKOMMEN: *In grasbewachsenem Hügelland, meist in 500 bis 1500 m Höhe*

Rostbraunes Wiesenvögelchen

Coenonympha glycerion (Satyridae)

Die gerundeten Flügel dieser Art zeigen satte Farbtöne. Die Unterseiten der Vorderflügel sind kastanienbraun, die der Hinterflügel graubraun mit Augenflecken, deren Zahl variiert. Ruhende Falter zeigen ihre Oberseiten nie. Sie sind ähnlich gefärbt wie die Unterseiten, jedoch sind die Augenflecken oben weniger ausgeprägt.

FLÜGELSPANNWEITE *3,5 cm*
FLUGZEIT *Juni–Juli*
NAHRUNG DER RAUPE *Verschiedene Gräser (Familie* Poaceae*), v.a. Perlgras* (Melica)
ÄHNLICHE ARTEN Coenonympha gardetta *(oben),* Coenonympha tullia *(S. 105)*
VORKOMMEN *Im Osten verbreitet und relativ häufig, im Westen lokal*

Gelbwürfeliger Dickkopffalter

Carterocephalus palaemon (Hesperiidae)

VORKOMMEN: *Wiesen in Busch- und offenem Waldland von 0 bis 1500 m Höhe*

Die Flügelzeichnung mit den hell orangefarbenen Flecken auf dunkelbraunem Grund wirkt schachbrettartig. Die Zeichnung der Unterseiten ist ähnlich, die Farben sind aber blasser. Der Falter ist in der Sonne sehr aktiv, an trüben Tagen hält er sich jedoch verborgen und wird leicht übersehen.

FLÜGELSPANNWEITE *2,5 cm*
FLUGZEIT *Mai–Juli*
NAHRUNG DER RAUPE *Verschiedene Gräser (Familie* Poaceae*)*
ÄHNLICHE ARTEN Carterocephalus silvicolus *(unten)*, Heteropterus morpheus *(S. 133)*
VORKOMMEN *Verbreitet und lokal häufig*

Schwarzfleckiger Golddickkopf

Carterocephalus silvicolus (Hesperiidae)

VORKOMMEN: *Lichtungen in offenem Wald und feuchtem Grasland mit einzelnen Bäumen unter 500 m Höhe*

Diese Art ist im Norden verbreitet und hat hell braungelbe Flügeloberseiten, die variabel mit schwarzbraunen Flecken gezeichnet sind. Die Unterseiten der Hinterflügel sind bräunlich mit großen mattgelben Flecken. Weibchen sind meist kleiner als Männchen und auf den Oberseiten ausgedehnter dunkelbraun gefärbt.

FLÜGELSPANNWEITE *2,5–3 cm*
FLUGZEIT *Mai–Juli*
NAHRUNG DER RAUPE *Verschiedene Gräser (Familie* Poaceae*), v.a. Kammgras* (Cynosurus)
ÄHNLICHE ARTEN Carterocephalus palaemon *(oben)*
VORKOMMEN *Verbreitet und lokal in geeigneten Lebensräumen ziemlich häufig*

Mattscheckiger Braundickkopf

Thymelicus acteon (Hesperiidae)

VORKOMMEN: *Verwilderte grasbewachsene Hänge und Wiesen vo 0 bis 1500 m Höhe*

Er hält beim Ruhen die Vorderflügel in einem Winkel vom Körper abgespreizt. Die Grundfarbe der Flügel ist olivbraun, bei den Männchen sind sie gelb bestäubt und tragen eine schwarze Linie. Besonders bei Weibchen sind halbkreisförmig angeordnete gelbe Flecken zu sehen.

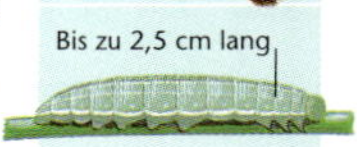

FLÜGELSPANNWEITE *2,5 cm*
FLUGZEIT *Mai–Juli*
NAHRUNG DER RAUPE *Gräser* (Poaceae), *v. a. Zwenke* (Brachypodium)
ÄHNLICHE ARTEN Thymelicus lineola *(unten)*, Thymelicus sylvestris *(rechts)*
VORKOMMEN *Verbreitet und recht häufig, im Norden des Verbreitungsgebietes jedoch lokal*

Schwarzkolbiger Dickkopffalter

Thymelicus lineola (Hesperiidae)

VORKOMMEN: *Wiesen, Wegränder und Grasland an der Küste, von 0 bis 2000 m Höhe*

Die orangebraunen Flügel fallen ins Auge. Das Männchen hat eine kleine schwarze Linie auf den Oberseiten der Vorderflügel. Vom Braunkolbigen Dickkopffalter unterscheiden ihn die schwarzen, nicht orangebraunen Antennenspitzen.

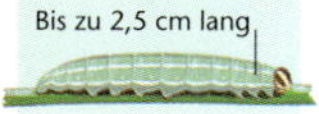

FLÜGELSPANNWEITE *2,5 cm*
FLUGZEIT *Mai–August*
NAHRUNG DER RAUPE *Verschiedene Gräser (Familie* Poaceae*)*
ÄHNLICHE ARTEN Thymelicus acteon *(oben)*, Thymelicus sylvestris *(rechts)*
VORKOMMEN *Verbreitet und in den meisten Teilen des Verbreitungsgebietes relativ häufig*

Braunkolbiger Dickkopffalter

Thymelicus sylvestris (Hesperiidae)

Er ist einer der verbreitetsten und zahlreichsten Falter Europas. Die orangebraunen Flügel sind ein gutes Merkmal. Er kann allerdings leicht mit dem Schwarzkolbigen Dickkopffalter verwechselt werden, bei dem die Antennenspitzen jedoch unten schwarz sind, während sie hier orangebraun sind. Wie viele Dickkopffalter sonnt er sich mit abgewinkelten Flügeln.

VORKOMMEN: *Wegränder, Wiesen im Tiefland und tiefer gelegene Berghänge bis 2000 m Höhe*

ANMERKUNG

Das Männchen dieser Art hat eine längere und auffallendere schwarze Linie auf der Oberseite des Vorderflügels als das des Schwarzkolbigen Dickkopffalters. Bei Weibchen sind die Unterseiten der Antennenspitzen orangefarben statt schwarz.

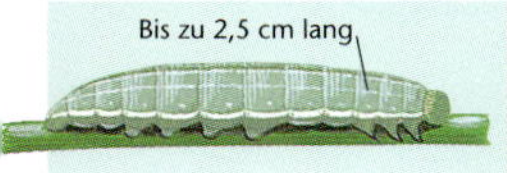

FLÜGELSPANNWEITE *2,5 cm*
FLUGZEIT *Mai–September*
NAHRUNG DER RAUPE *Verschiedene Gräser (Familie* Poaceae*)*
ÄHNLICHE ARTEN Thymelicus acteon *(links), der halbkreisförmig angeordnete gelbe Flecken auf den Flügeloberseiten hat;* Thymelicus lineola *(links), v. a. die Weibchen*
VORKOMMEN *Verbreitet und im allgemeinen sehr häufig*

VORKOMMEN: *Unterschiedliche grasbewachsene Lebensräume, wie Wiesen, offene Gebüsche, Hecken und Waldland; auch Berghänge bis 2000 m*

Rostfarbiger Dickkopffalter

Ochlodes venata (Hesperiidae)

Diese Art hat reich gezeichnete, kräftig gefärbte Oberseiten. Wie verwandte Dickkopffalter trägt das Männchen eine dunkle Linie auf dem Vorderflügel. Es hat leuchtendere Farben als das sonst ähnliche Weibchen. Die Unterseiten beider Geschlechter sind gelblich mit variabler grünlicher Bestäubung und blassen Flecken. Der Rostfarbige Dickkopffalter besucht Blüten, um zu trinken, und sitzt dabei mit in einem typischen Winkel abgespreizten Flügeln.

ANMERKUNG

Dieser Schmetterling hat einen schwirrenden Flug, der für Dickkopffalter charakteristisch ist. Beim Ruhen hält er die Flügel geöffnet und in einem Winkel abgespreizt wie viele Dickkopffalter. So kann ein Beobachter gleichzeitig die Ober- als auch die Unterseite der Flügel betrachten.

FLÜGELSPANNWEITE *2,8–3 cm*
FLUGZEIT *Mai–September*
NAHRUNG DER RAUPE *Verschiedene Gräser (Familie* Poaceae*) einschließlich Schwingel* (Festuca)
ÄHNLICHE ARTEN Hesperia comma *(rechts), der auf der Unterseite der Hinterflügel silberweiße Flecken hat*
VORKOMMEN *In seinem großen Verbreitungsgebiet im allgemeinen häufig*

Komma-Dickkopffalter

Hesperia comma (Hesperiidae)

VORKOMMEN: *Grasland auf Kalkboden, von Sanddünen im Tiefland bis 2000 m*

Diese Art ist an den silberweißen Flecken auf den Unterseiten der grünlich gelben Hinterflügel leicht zu erkennen. Auch die orangebraunen Oberseiten sind auffallend. An sonnigen Tagen verbringt der Falter viel Zeit mit Trinken und Sonnen.

FLÜGELSPANNWEITE *2,5–3 cm*
FLUGZEIT *Juli–August*
NAHRUNG DER RAUPE *Wenige Grasarten, v. a. Schwingel* (Festuca) *und Rispengras* (Poa)
ÄHNLICHE ARTEN Ochlodes venata *(links)*
VORKOMMEN *Verbreitet, seiner Ansprüche an den Lebensraum wegen aber sehr lokal*

Großes Wiesenvögelchen

Coenonympha tullia (Satyridae)

VORKOMMEN: *Moore und feuchtes Grasland, vom Tiefland bis 2000 m Höhe*

Das Große Wiesenvögelchen zeigt seine Oberseite beim Ruhen fast nie. Die Unterseiten der Vorderflügel sind orangebraun, die der Hinterflügel grau. Der Falter ist bei mildem, sonnigem Wetter aktiv, sonst versteckt er sich in Grasbüscheln. Die Art ist sehr variabel, bei manchen Unterarten fehlen die Augenflecken auf den Vorderflügeln.

FLÜGELSPANNWEITE *3,8–4 cm*
FLUGZEIT *Juni–Juli*
NAHRUNG DER RAUPE *Wollgras* (Eriophorum), *Weißes Schnabelried* (Rhynchospora alba)
ÄHNLICHE ARTEN Coenonympha pamphilus *(S. 97)*
VORKOMMEN *Verbreitet, aber meist lokal*

Mauerfuchs

Pararge megera (Satyridae)

VORKOMMEN: *Trockene Heidegebiete, Hügelland und Felsregionen mit Steinen und vegetationslosen Stellen zum Sonnen; vom Tiefland bis 2000 m Höhe*

Der Mauerfuchs hat kräftig gemusterte orangefarbene Flügeloberseiten, die ein Netz aus schwarzen Adern und auffallende Augenflecken tragen, und ist relativ einfach zu bestimmen. Er sonnt sich häufig, und so kann er auch von ungeduldigen Beobachtern aus der Nähe betrachtet werden. Die Unterseite des Hinterflügels hat ein Tarnmuster und ähnelt Baumrinde oder Fels. Wenn der Mauerfuchs mit geschlossenen Flügeln ruht, bedecken die Hinterflügel oft die bunten Vorderflügel, und der Falter ist hervorragend getarnt.

ANMERKUNG

Der Mauerfuchs kann mit der südlichen Form des Waldbrettspiels (S. 143) verwechselt werden. Letzteres hat jedoch eine braune Grundfarbe mit orangefarbener Zeichnung, die Vorderflügel sind spitzer, und die Hinterflügel sind gezackt.

FLÜGELSPANNWEITE *4,5 cm*
FLUGZEIT *Mai–September in mehreren Generationen*
NAHRUNG DER RAUPE *Gräser* (Poaceae)
ÄHNLICHE ARTEN Pararge maera *(rechts)*, Pararge petropolitana *(rechts)*, Pararge aegeria *(S. 143)*
VORKOMMEN *Verbreitet, nimmt aber ab*

Braunauge

Pararge maera (Satyridae)

Die orangefarbene Zeichnung der Oberseiten ist bei nördlichen Formen dunkler als bei südlichen. Ein Augenfleck auf dem Vorderflügel und zwei oder drei auf dem Hinterflügel kommen bei allen Formen vor. Die Unterseiten vorn sind orangefarben, die hinten sind graubraun marmoriert.

VORKOMMEN: *Verwildertes Grasland mit vegetationslosen, steinigen Gebieten vom Tiefland bis etwa 2000 m Höhe*

SÜDLICHE FORM

SKANDINAVISCHE FORM

FLÜGELSPANNWEITE *4,5–5 cm*
FLUGZEIT *Juni–August*
NAHRUNG DER RAUPE *Verschiedene Gräser (Familie* Poaceae*)*
ÄHNLICHE ARTEN Pararge megera *(links),* Pararge petropolitana *(unten)*
VORKOMMEN *Verbreitet und lokal relativ häufig*

Kleines Braunauge

Pararge petropolitana (Satyridae)

Die braunen Oberseiten aller Flügel tragen Augenflecken in orangefarbenen Bändern, die bei Weibchen breiter sind als bei Männchen. Die Unterseiten der Vorderflügel sind orangefarben, bei Weibchen ausgedehnter als bei Männchen, und tragen je einen großen Augenfleck.

VORKOMMEN: *Wildes Grasland mit blankem Boden, im Gebirge im Süden bis 2000 m, im Norden in tiefen Lagen*

FLUGZEIT *Mai–Juli*
NAHRUNG DER RAUPE *Verschiedene Gräser (Familie* Poaceae*), v. a. Schwingel* (Festuca)
ÄHNLICHE ARTEN Pararge megera *(links),* Pararge maera *(oben)*
VORKOMMEN *Verbreitet und im Norden relativ häufig, im Süden lokal*

VORKOMMEN: *Moore, Waldlichtungen und Ränder offenen Waldlandes, typischerweise im Tiefland*

Augenfalter

Oeneis norna (Satyridae)

Wenn er ruht, schließt der Falter die Flügel und zeigt fast nie die Oberseiten. Deshalb ist er schwierig zu finden, denn die Unterseite des Hinterflügels, der oft den Vorderflügel bedeckt, ähnelt mit ihrem Tarnmuster den Felsen, auf denen er ruht.

FLÜGELSPANNWEITE *6 cm*
FLUGZEIT *Juni–Juli*
NAHRUNG DER RAUPE *Verschiedene Gräser (Familie* Poaceae*)*
ÄHNLICHE ARTEN Oeneis glacialis *(unten),* Oeneis jutta *(rechts), die beide andere Verbreitungsgebiete haben*
VORKOMMEN *Lokal häufig*

Gletscherfalter

Oeneis glacialis (Satyridae)

Er kommt vor allem in den französischen und italienischen Alpen vor. Bei beiden Geschlechtern ist die Unterseite der Hinterflügel graubraun und ähnelt der Textur von Gestein. Die Oberseiten sind vorwiegend bräunlich. Bei Weibchen sind sie heller.

VORKOMMEN: *Nur auf grasbewachsenen, felsigen Hängen, meist in etwa 1500 m Höhe, manchmal bis zur Baumgrenze*

FLÜGELSPANNWEITE *5 cm*
FLUGZEIT *Juni–Juli*
NAHRUNG DER RAUPE *Verschiedene Gräser, v.a. Echter Schaf-Schwingel* (Festuca ovina)
ÄHNLICHE ARTEN Oeneis norna *(oben), der ein völlig anderes Verbreitungsgebiet hat*
VORKOMMEN *Sehr lokal, an diesen Stellen aber relativ häufig*

VORKOMMEN: *Moore und offenes Waldland mit spärlicher Vegetation*

Augenfalter

Oeneis jutta (Satyridae)

Trotz variabler Färbung ist dieser Falter typischerweise dunkelbraun. Die Unterseiten der Hinterflügel tragen ein Tarnmuster, mit dem der Falter kaum zu erkennen ist, wenn er mit geschlossenen Flügeln sitzt. Die Oberseiten tragen ein beigefarbenes Band mit Augenflecken.

FLÜGELSPANNWEITE *5,5–6 cm*
FLUGZEIT *Juni–August*
NAHRUNG DER RAUPE *Verschiedene Gräser (Familie* Poaceae*)*
ÄHNLICHE ARTEN Oeneis norna *(links) mit hellem Band auf Unterseite des Hinterflügels*
VORKOMMEN *In seinem nördlichen Verbreitungsgebiet lokal relativ häufig*

Rotbinden-Samtfalter

Hipparchia arethusa (Satyridae)

Die orangebraunen Unterseiten der Vorderflügel tragen je einen Augenfleck, die braunen Flügeloberseiten ein unterbrochenes orangerotes Band. Weibchen sind bunter als Männchen. Die Unterseiten der Hinterflügel tarnen sie auf Felsen.

VORKOMMEN: *Trockenes, durchlässiges Grasland, typischerweise auf Kalkboden, von 0 bis etwa 1500 m Höhe*

FLÜGELSPANNWEITE *4,5–5 cm*
FLUGZEIT *Juli–August*
NAHRUNG DER RAUPE *Verschiedene Gräser (Familie* Poaceae*)*
ÄHNLICHE ARTEN Hipparchia semele *(S. 121)*
VORKOMMEN *Lokal ziemlich häufig, an den nördlichen Grenzen seines Verbreitungsgebietes jedoch weniger zahlreich*

Großes Ochsenauge

Maniola jurtina (Satyridae)

VORKOMMEN: *Grasbewachsene Stellen wie Wiesen, Staßen- und Waldränder sowie Berghänge bis in 1500 m Höhe*

ANMERKUNG

Wenn man die Art sicher erkennt, kann man sie trotz der variablen Ausdehnung der Orangefärbung auf den Oberseiten zum Vergleich bei der Bestimmung anderer Bräunlinge heranziehen.

Meist bekommt man die Unterseiten zu Gesicht: Der Vorderflügel ist orange und beige mit auffallendem Augenfleck, und der braune Hinterflügel trägt ein helles Band mit kleinen schwarzen Flecken. Anders als viele seiner Verwandten zeigt dieser Falter manchmal seine Oberseiten. Sie sind tiefbraun mit orangefarbenem Fleck auf dem Vorderflügel, in dem ein Augenfleck sitzt. Bei Weibchen ist das Orange ausgedehnter.

FLÜGELSPANNWEITE *5 cm*
FLUGZEIT *Juni–Oktober*
NAHRUNG DER RAUPE *Verschiedene Gräser (Familie* Poaceae*)*
ÄHNLICHE ARTEN Maniola lycaon *(rechts)*
VORKOMMEN *Verbreitet und lokal sehr häufig*

Kleines Ochsenauge

Maniola lycaon (Satyridae)

VORKOMMEN: *Trockenes Grasland mit spärlicher Vegetation von 0 bis etwa 2000 m Höhe*

Die Art ähnelt dem Großen Ochsenauge (links), vor allem die Weibchen, deren vorwiegend orangerote Flügeloberseiten je zwei »blinde« Augenflecken tragen, denen die hellen Punkte fehlen. Bei Männchen tragen die orangefarbenen Oberseiten der Vorderflügel diagonale braune Linien.

FLÜGELSPANNWEITE *4,5 cm*
FLUGZEIT *Juli–Oktober*
NAHRUNG DER RAUPE *Verschiedene Gräser (Familie* Poaceae*)*
ÄHNLICHE ARTEN Maniola jurtina *(links) mit Augenfleck in orangefarbenem Feld auf dem Vorderflügel bei beiden Geschlechtern*
VORKOMMEN *Lokal häufig*

Gelbringfalter

Pararge achine (Satyridae)

VORKOMMEN: *In Waldland an Rändern und auf Lichtungen, vom Tiefland bis 1000 m Höhe*

Die tiefbraune Grundfarbe betont schwarze Augenflecken mit gelben Ringen auf Ober- und Unterseiten. Auf der Unterseite der Hinterflügel verläuft unter der Reihe von Augenflecken ein weißes Band. Er sonnt sich auf Waldlichtungen.

FLÜGELSPANNWEITE *5 cm*
FLUGZEIT *Juni–Juli*
NAHRUNG DER RAUPE *Verschiedene Gräser (Familie* Poaceae*)*
ÄHNLICHE ARTEN *Keine*
VORKOMMEN *Lokal ziemlich häufig, die Populationen sind jedoch meist isoliert und weit voneinander entfernt*

VORKOMMEN: *Heidegebiete, Waldränder und Lichtungen; oft an Bahngleisen, wo die Futterpflanzen der Raupen wachsen*

Malven-Würfeldickkopffalter

Pyrgus malvae (Hesperiidae)

Der Malven-Würfeldickkopffalter ist zwar klein, hat dafür aber sehr hübsch gezeichnete Flügel. Die Oberseiten sind tiefbraun und tragen ein auffälliges Muster rechteckiger heller Flecken. Glücklicherweise sonnt sich der Falter oft mit ausgebreiteten Flügeln. Das bietet die Gelegenheit, ihn aus der Nähe zu betrachten. Die gelblich braunen Flügelunterseiten tragen ein Muster aus weißlichen Flecken, das dem auf den Oberseiten ähnelt.

ANMERKUNG

Die Kombination aus der geringen Größe und den etwa gleich großen rechteckigen Flecken ist ein gutes Bestimmungsmerkmal. Achten Sie auch auf den Halbmond heller Flecken auf der Oberseite der Hinterflügel und den großen Fleck in der Mitte der Unterseite.

FLÜGELSPANNWEITE *2 cm*
FLUGZEIT *April–Juni, im Süden zweite Generation im Juli–August*
NAHRUNG DER RAUPE *Wald-Erdbeere* (Fragaria vesca), *Fingerkraut* (Potentilla)
ÄHNLICHE ARTEN Pyrgus alveus *(rechts)*, Pyrgus armoricanus *(rechts)*, Callistege mi *(S. 189)*
VORKOMMEN *Lokal häufig*

Sonnenröschen-Würfeldickkopffalter

Pyrgus alveus (Hesperiidae)

VORKOMMEN: *Blütenreiches Grasland, meist zwischen 1000 und 2000 m Höhe*

Verglichen mit Verwandten trägt die Art oben nur wenige weiße Flecken. Hinterflügel sind kaum gezeichnet. Ein weiteres Merkmal findet sich auf den Unterseiten hinten: Ein weißes Band verläuft von der Mitte des Vorderrandes zur Flügelmitte.

FLÜGELSPANNWEITE *3 cm*
FLUGZEIT *Juni–August*
NAHRUNG DER RAUPE *Sonnenröschen* (Helianthemum), *Fingerkraut* (Potentilla), *Wald-Erdbeere* (Fragaria vesca)
ÄHNLICHE ARTEN Pyrgus malvae *(links)*, Pyrgus armoricanus *(unten)*
VORKOMMEN *Verbreitet und lokal häufig*

Oberthürs Würfeldickkopffalter

Pyrgus armoricanus (Hesperiidae)

VORKOMMEN: *Warme, trockene und blütenreiche Hänge und Wiesen, meist unter 1500 m*

Diese schön gezeichnete Art ähnelt dem Malven-Würfeldickkopffalter (links), ist jedoch größer. Die weißen Flecken auf den Flügeloberseiten sind hell, aber weniger leuchtend und kleiner als die seines Verwandten. Die Flecken sind auf Vorder- und Hinterflügeln ähnlich intensiv und dicht, woran man ihn vom Sonnenröschen-Würfeldickkopffalter (oben) unterscheiden kann.

FLÜGELSPANNWEITE *3 cm*
FLUGZEIT *Mai–August, zwei Generationen*
NAHRUNG DER RAUPE *Sonnenröschen* (Helianthemum), *Fingerkraut* (Potentilla), *Wald-Erdbeere* (Fragaria vesca)
ÄHNLICHE ARTEN Pyrgus malvae *(links)*, Pyrgus alveus *(oben)*
VORKOMMEN *Verbreitet und lokal häufig*

Schwarzbrauner Würfeldickkopffalter

Pyrgus serratulae (Hesperiidae)

VORKOMMEN: *Wiesen und blütenreiche Hänge in 1500 bis 2000 m Höhe, manchmal höher*

Die geringe Größe und Ausdehnung der weißen Flecken auf den Flügeloberseiten und die grünlich gelbe Färbung der Unterseiten der Hinterflügel sind gute Merkmale. Die Geschlechter ähneln sich, Weibchen sind oben aber meist gelblicher.

Raupe nicht ausreichend bekannt

FLÜGELSPANNWEITE *2,5 cm*
FLUGZEIT *Mai–August*
NAHRUNG DER RAUPE *Frauenmantel* (Alchemilla), *Fingerkraut* (Potentilla)
ÄHNLICHE ARTEN Pyrgus alveus *(S. 113)*, Pyrgus carlinae *(unten)*, Pyrgus carthami *(rechts)*, Muschampia proto *(S. 117)*
VORKOMMEN *Lokal häufig*

Würfeldickkopffalter

Pyrgus carlinae (Hesperiidae)

VORKOMMEN: *Blütenreiche Berghänge und Gebirgswiesen bis über 2000 m Höhe*

Der aktive Falter ähnelt dem Schwarzbraunen Würfeldickkopffalter (oben). Die Unterseiten der Hinterflügel sind aber rotbraun, daran sind beide Arten gut zu unterscheiden. Die Geschlechter sind sehr ähnlich, Weibchen haben aber eine hellere Grundfarbe und oben nicht so viele helle Flecken.

Raupe nicht ausreichend bekannt

FLÜGELSPANNWEITE *3 cm*
FLUGZEIT *Juli–August*
NAHRUNG DER RAUPE *Frühlings-Fingerkraut* (Potentilla neumanniana)
ÄHNLICHE ARTEN Pyrgus serratulae *(oben)*, Pyrgus onopordi *(rechts)*, Pyrgus carthami *(rechts)*
VORKOMMEN *Verbreitet und lokal häufig*

Ambossfleck-Würfeldickkopffalter

Pyrgus onopordi (Hesperiidae)

VORKOMMEN: *Warme, trockene Wiesen mit vielen Blüten unter 1000 m*

Die Art ist leicht zu verwechseln. Die klar abgegrenzten weißen Flecken auf den Oberseiten und ein großer weißer Fleck mit gezackten Rändern auf den Unterseiten der Hinterflügel sind aber gute Merkmale.

Raupe nicht ausreichend bekannt

FLÜGELSPANNWEITE *3 cm*
FLUGZEIT *Mai–Oktober, zwei Generationen*
NAHRUNG DER RAUPE *Fingerkraut* (Potentilla) *und ähnliche Pflanzen*
ÄHNLICHE ARTEN Pyrgus carlinae *(links)*
VORKOMMEN *In seinem südlichen Verbreitungsgebiet lokal häufig*

Steppenheiden-Würfeldickkopffalter

Pyrgus carthami (Hesperiidae)

VORKOMMEN: *Unterschiedliches blütenreiches Grasland vom Tiefland bis 2000 m Höhe*

Die verlässlichsten Merkmale sind in diesem Fall die Unterseiten der Hinterflügel. Die weißen Flecken am Vorderrand sind typischerweise zu einem Band verbunden. In der Mitte der Flügel befinden sich manchmal zwei unregelmäßige Bänder.

Raupe nicht ausreichend bekannt

FLÜGELSPANNWEITE *3–3,2 cm*
FLUGZEIT *Juli–September*
NAHRUNG DER RAUPE *Fingerkraut* (Potentilla), *Malve* (Malva), *Färber-Distel* (Carthamus tinctorius)
ÄHNLICHE ARTEN Pyrgus serratulae *(links)*, Pyrgus carlinae *(links)*
VORKOMMEN *Verbreitet und lokal häufig*

Graumelierter Alpen-Würfeldickkopffalter

Pyrgus andromedae (Hesperiidae)

VORKOMMEN: *Blütenreiche Berghänge, im Süden in über 1500 m Höhe, in Skandinavien in tieferen Lagen*

Man sollte nach einer Linie aus drei weißen Flecken auf der Oberseite des Vorderflügels in der Nähe des Randes suchen. Auf der grünlich braunen Unterseite der Hinterflügel sind große helle Flecken. Die Unterseiten der Vorderflügel sind schwärzlich braun.

Raupe nicht ausreichend bekannt

FLÜGELSPANNWEITE *3 cm*
FLUGZEIT *Juni–Juli*
NAHRUNG DER RAUPE *Fingerkraut* (Potentilla), *Frauenmantel* (Alchemilla)
ÄHNLICHE ARTEN Pyrgus centaurae *(unten)*, Pyrgus cacaliae *(rechts)*
VORKOMMEN *In seinem begrenzten Verbreitungsgebiet lokal relativ häufig*

Würfeldickkopffalter

Pyrgus centaurae (Hesperiidae)

VORKOMMEN: *Moorgebiete, vom Tiefland bis zu tiefer gelegenen Berghängen; weiter nördlich in tieferen Lagen*

Aufgrund seines nördlichen Verbreitungsgebietes kann man diesen Würfeldickkopffalter nicht mit ähnlichen Arten verwechseln. Er hat auffallende weiße Flecken auf Vorder- und Hinterflügeln. Beobachter sollten jedoch auch auf die Unterseiten der Hinterflügel achten: Die Grundfarbe ist sehr dunkel mit kontrastierenden weißlichen Adern und großen weißen Flecken.

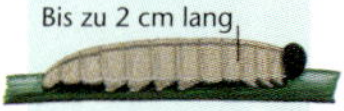

FLÜGELSPANNWEITE *3 cm*
FLUGZEIT *Juni–Juli*
NAHRUNG DER RAUPE *Moltebeere* (Rubus chamaemorus)
ÄHNLICHE ARTEN Pyrgus andromedae *(oben)*
VORKOMMEN *Lokal innerhalb seines begrenzten nördlichen Verbreitungsgebietes relativ häufig*

Kleinwürfeliger Dickkopffalter

Pyrgus cacaliae (Hesperiidae)

Die Oberseiten sind rußig graubraun mit wenigen weißen Flecken auf den Vorderflügeln. Auf der Unterseite ist die Grundfarbe ebenfalls graubraun, die Hinterflügel tragen große weiße Flecken mit unscharfen Rändern. Der Flügelsaum ist hell gewürfelt.

VORKOMMEN: *Berghänge mit spärlicher Vegetation, meist über 1500 m Höhe, hauptsächlich in den Alpen*

Raupe nicht ausreichend bekannt

FLÜGELSPANNWEITE *3 cm*
FLUGZEIT *Juli–August*
NAHRUNG DER RAUPE *Fingerkraut* (Potentilla), *Alpen-Gelbling* (Sibbaldia procumbens)
ÄHNLICHE ARTEN Pyrgus andromedae *(links)*
VORKOMMEN *Aufgrund seiner spezifischen Ansprüche an den Lebensraum sehr lokal*

Würfeldickkopffalter

Muschampia proto (Hesperiidae)

Die graubraunen Oberseiten tragen weiße Flecken. Bei manchen Tieren sind sie auf den Hinterflügeln sehr undeutlich. Die Vorderflügel tragen unten weiße Flecken und weiße, durch einen schwarzen Fleck betonte Adern. Männchen sind oben gelb bestäubt.

VORKOMMEN: *Blütenreiche mediterrane Lebensräume, meist sonnige Hügel und tiefer gelegene Berghänge*

Raupe nicht ausreichend bekannt

FLÜGELSPANNWEITE *3 cm*
FLUGZEIT *April–August, eine Generation*
NAHRUNG DER RAUPE *Salbei* (Salvia), *Brandkraut* (Phlomis)
ÄHNLICHE ARTEN Pyrgus serratulae *(S. 114), der auf der Unterseite der Hinterflügel keine weißen Adern hat*
VORKOMMEN *Lokal häufig*

VORKOMMEN: *Wegränder, blütenreiches Grasland, auch sonnige Berghänge zwischen 1000 und 1500 m*

Malven-Dickkopffalter

Carcharodus alceae (Hesperiidae)

Die Oberseiten sind beigerosa, grau und rußbraun marmoriert und lassen den Malven-Dickkopffalter fast wie einen Nachtfalter aussehen. Die graubraunen Unterseiten tragen weiße Flecken, die auf den Hinterflügeln unregelmäßige Halbmonde bilden. Die Intensität der Farben variiert.

FLÜGELSPANNWEITE *3 cm*
FLUGZEIT *April–August in mehreren Generationen*
NAHRUNG DER RAUPE *Malve* (Malva), *Eibisch* (Althaea)
ÄHNLICHE ARTEN Carcharodus lavatherae *(unten)*, Carcharodus flocciferus *(rechts)*
VORKOMMEN *Verbreitet und lokal häufig*

VORKOMMEN: *Sonnige, trockene Hänge auf Kalkboden im Hochland zwischen 1000 und 1500 m*

Strauchpappel-Dickkopffalter

Carcharodus lavatherae (Hesperiidae)

Obwohl ältere, abgetragene Exemplare dieser Art sehr blass aussehen können, sind bei frisch geschlüpften Faltern die Flügeloberseiten hübsch braun, grau und weiß marmoriert. Oft sind sie gelblich bestäubt und wirken dadurch etwas verwaschen.

Raupe nicht ausreichend bekannt

FLÜGELSPANNWEITE *3,2 cm*
FLUGZEIT *Mai–August, mehrere Gen.*
NAHRUNG DER RAUPE *Ziest* (Stachys) *und verwandte Pflanzen*
ÄHNLICHE ARTEN Carcharodus alceae *(oben)*
VORKOMMEN *Lokal, ausschließlich im Süden verbreitet*

Heilziest-Dickkopffalter

Carcharodus flocciferus (Hesperiidae)

VORKOMMEN: *Trockenes, blütenreiches Grasland, oft an Hügeln und Berghängen um 1500 m oder höher*

Der Falter hat bräunliche Oberseiten, die elegant grau und beigebraun marmoriert sind und kleine weiße Flecken tragen. Wenn er mit teilweise ausgebreiteten Flügeln ruht, ähnelt er einem Nachtfalter. Auf der Unterseite des Vorderflügels findet man bei Männchen ein Büschel dunkler Haare.

Raupe nicht ausreichend bekannt

FLÜGELSPANNWEITE *3 cm*
FLUGZEIT *Mai–August*
NAHRUNG DER RAUPE *Ziest* (Stachys), *Andorn* (Marrubium)
ÄHNLICHE ARTEN Carcharodus alceae *(links) ohne weiße Flecken auf Oberseiten*
VORKOMMEN *Verbreitet und lokal häufig, v. a. im Hochland*

Roter Würfeldickkopffalter

Spialia sertorius (Hesperiidae)

VORKOMMEN: *Grasland mit Gebüschen, von 0 bis (im Süden) 2000 m Höhe*

Die winzigen Falter sind trotz im Verbreitungsgebiet variabler Größe und Flügelzeichnung leicht bestimmbar. Das auffälligste Merkmal sind die rötlichen Unterseiten. Auch die rotbraunen Hinterflügel mit den kräftigen weißen Flecken sind auffällig.

♀♂

Bis zu 2 cm lang

FLÜGELSPANNWEITE *2–2,5 cm*
FLUGZEIT *April–August*
NAHRUNG DER RAUPE *Fingerkraut* (Potentilla) *sowie Brombeere* (Rubus fruticosus) *und verwandte Arten*
ÄHNLICHE ARTEN *Keine*
VORKOMMEN *Verbreitet und in Süd- und Mitteleuropa lokal häufig*

Dunkler Dickkopffalter

VORKOMMEN: *Blütenreiches Grasland, oft auf Kalkböden von 0 bis 2000 m Höhe*

Erynnis tages (Hesperiidae)

Die einheitlich dunkelbraunen Flügeloberseiten und die hellbraunen Unterseiten haben durchaus typische Merkmale. Es gibt wenige Schmetterlinge, mit denen die Art verwechselt werden kann. Der Beobachter sollte sich aber nicht davon täuschen lassen, dass der schwirrende Flug und das dunkle Aussehen sehr an einen Nachtfalter erinnern.

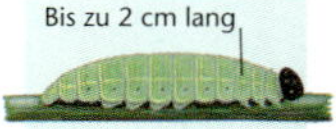

FLÜGELSPANNWEITE *2,5 cm*
FLUGZEIT *Mai–August*
NAHRUNG DER RAUPE *Hornklee* (Lotus)*, Kronwicke* (Coronilla) *und verwandte Schmetterlingsblütler*
ÄHNLICHE ARTEN *Keine*
VORKOMMEN *Verbreitet und lokal häufig, nimmt aber wegen Umweltzerstörung ab*

Eisenfarbiger Samtfalter

VORKOMMEN: *Offenes Waldland und Heidegebiete, oft mit steinigem Boden, vom Tiefland bis 1500 m Höhe*

Hipparchia statilinus (Satyridae)

Wenn er zwischen Laub oder auf Baumrinde ruht, ist der Falter schwer zu entdecken, denn die Unterseiten seiner Hinterflügel ähneln seiner Umgebung verblüffend. Wenn er gestört wird, hebt er manchmal seine Vorderflügel, damit die gelbrandigen Augenflecken sichtbar werden. Die Oberseiten zeigt er beim Ruhen fast nie.

FLÜGELSPANNWEITE *5 cm*
FLUGZEIT *Juli–September*
NAHRUNG DER RAUPE *Verschiedene Gräser (Familie* Poaceae*)*
ÄHNLICHE ARTEN Hipparchia semele *(rechts),* Hipparchia fagi *(S. 122), der viel größer ist*
VORKOMMEN *Verbreitet und lokal häufig*

Ockerbindiger Samtfalter

Hipparchia semele (Satyridae)

Diesen sonnenliebenden Falter sieht man meist auf Felsen oder blankem Boden. Trotz zweier auffallender Augenflecken auf den Vorderflügeln ist er oft schwer zu entdecken, denn er hält beim Ruhen seine Flügel nur leicht geöffnet, damit sie wenig Schatten werfen. Wenn er sich gestört fühlt, verdeckt er mit den Hinterflügeln, die ein Tarnmuster tragen, die Unterseiten der Vorderflügel. Die Flügeloberseiten zeigt der Falter fast nie.

VORKOMMEN: *Trockene, sonnige Lebensräume wie Heidegebiete, steinige Hänge und Felsen von Meereshöhe bis zu unteren Berghängen*

ANMERKUNG

Wer den Ockerbindigen Samtfalter aus der Nähe beobachten möchte, sollte sich ihm unbedingt gebückt nähern, damit kein Schatten auf ihn fällt. Das würde ihn mit Sicherheit vertreiben.

FLÜGELSPANNWEITE *5 cm*
FLUGZEIT *Juni–August*
NAHRUNG DER RAUPE *Verschiedene Gräser (Familie* Poaceae*)*
ÄHNLICHE ARTEN Hipparchia statilinus *(links), der auf der Unterseite einen großen Augenfleck mit gelbem Ring trägt*
VORKOMMEN *Verbreitet und lokal häufig*

Berghexe

Hipparchia briseis (Satyridae)

VORKOMMEN: *Trockenes, steiniges Grasland mit vegetationslosen Stellen von 0 bis über 1500 m Höhe*

Die dunklen Oberseiten mit weißem Band sind nur im Flug sichtbar, in Ruhe dagegen nie. Auch die marmorierten graubraunen Unterseiten sind schön gezeichnet. Sie tragen ein Muster aus beigefarbenen und dunkelbraunen Bändern sowie zwei Augenflecken auf den Vorderflügeln.

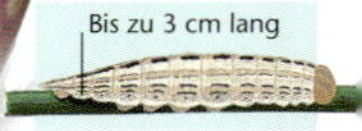

FLÜGELSPANNWEITE *5–6 cm*
FLUGZEIT *Juni–Juli*
NAHRUNG DER RAUPE *Verschiedene Gräser (Familie* Poaceae*)*
ÄHNLICHE ARTEN Hipparchia fidia *(rechts), der auf den Unterseiten schwarze und weiße gezackte Bänder trägt*
VORKOMMEN *Verbreitet und lokal häufig*

Großer Waldportier

Hipparchia fagi (Satyridae)

VORKOMMEN: *Offenes Waldland und trockene Gegenden mit Gebüschen, meist unter 1000 m*

Trotz seiner Größe ist der Falter schwer zu entdecken, wenn er ruht, da die graubraun marmorierten Unterseiten seiner Hinterflügel ihn zwischen welkem Laub tarnen. Die Oberseiten sind rußbraun mit breitem hellem Band über beide Flügel. Bei Männchen trägt es einen, bei Weibchen zwei Augenflecken.

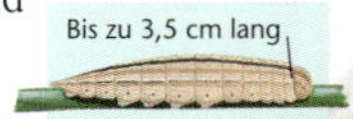

FLÜGELSPANNWEITE *7 cm*
FLUGZEIT *Juli–August*
NAHRUNG DER RAUPE *Verschiedene Gräser (Familie* Poaceae*)*
ÄHNLICHE ARTEN Hipparchia statilinus *(S. 120);* Hipparchia alcyone *(rechts), der kleiner ist und in höheren Lagen vorkommt*
VORKOMMEN *Verbreitet und lokal häufig*

Kleiner Waldportier

Hipparchia alcyone (Satyridae)

Auf den ersten Blick ähnelt diese Art dem Großen Waldportier (links). Sie ist aber kleiner und kommt in höheren Lagen vor. Das Muster der Oberseiten kann man im Flug erkennen, einen längeren Blick jedoch nur auf die Unterseiten werfen: Die Hinterflügel sind graubraun marmoriert, die Vorderflügel rußbraun mit grauen Spitzen.

VORKOMMEN: *Steiniger Grund und Berghänge mit verstreuten Bäumen in 1000 bis 2000 m Höhe*

FLÜGELSPANNWEITE *6 cm*
FLUGZEIT *Juni–Juli*
NAHRUNG DER RAUPE *Verschiedene Gräser (Familie* Poaceae*)*
ÄHNLICHE ARTEN Hipparchia fagi *(links), der eine dunklere Grundfarbe und auffallendere weiße Bänder auf den Flügeloberseiten hat*
VORKOMMEN *Verbreitet und lokal häufig*

Augenfalter

Hipparchia fidia (Satyridae)

Die dunkelbraunen Oberseiten bieten relativ wenige Bestimmungsmerkmale, außerdem zeigt sie der Falter fast nie. Im Gelände sind die gestreiften Flügelunterseiten und die beiden gelbrandigen Augenflecken auf den Vorderflügeln einfacher zu beobachten.

VORKOMMEN: *Warme steinige und grasbewachsene Hänge in mediterranem Klima, meist in 1000 bis 2000 m Höhe*

FLÜGELSPANNWEITE *6 cm*
FLUGZEIT *Juli–August*
NAHRUNG DER RAUPE *Verschiedene Gräser (Familie* Poaceae*)*
ÄHNLICHE ARTEN Hipparchia briseis *(links), der unauffälligere Unterseiten mit einem kleinen Augenfleck auf dem Vorderflügel hat*
VORKOMMEN *Lokal häufig*

Dunkelbrauner Bläuling

Aricia agestis (Lycaenidae)

VORKOMMEN: *Durchlässiges, trockenes Grasland, sowohl auf Kalkböden als auch auf sauren Böden*

Auf Anhieb könnte man den Dunkelbraunen Bläuling für das Weibchen des Gemeinen Bläulings (S. 30) halten. Trotzdem ist er charakteristisch, die tiefbraunen Oberseiten schmücken leuchtend orangefarbene Halbmondflecken entlang weißer Säume. Die Unterseiten tragen ähnlich angeordnete orangefarbene Flecken.

FLÜGELSPANNWEITE *2,5 cm*
FLUGZEIT *Mai–August, mehrere Gen.*
NAHRUNG DER RAUPE *Sonnenröschen* (Helianthemum), *Reiherschnabel* (Erodium)
ÄHNLICHE ARTEN Polyommatus icarus, *Weibchen (S. 30)*, Aricia artaxerxes *(unten)*
VORKOMMEN *Lokal häufig, Populationen aber weit verstreut*

Großer Sonnenröschen-Bläuling

Aricia artaxerxes (Lycaenidae)

VORKOMMEN: *Blütenreiche Wiesen auf Kalkboden zwischen 1000 und 2000 m Höhe*

Um diese Art vom Dunkelbraunen Bläuling (oben) zu unterscheiden, muss man auf die orangefarbenen Flecken auf den Flügeloberseiten achten. Beim Großen Sonnenröschen-Bläuling sind sie kleiner. Auf dem Vorderflügel sind die Flecken nur sehr blass oder gar nicht vorhanden.

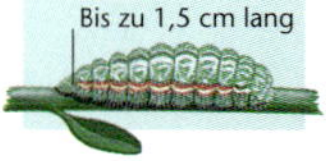

FLÜGELSPANNWEITE *2,5 cm*
FLUGZEIT *Juni–Juli*
NAHRUNG DER RAUPE *Sonnenröschen* (Helianthemum)
ÄHNLICHE ARTEN Polyommatus icarus, *Weibchen (S. 30)*, Aricia agestis *(oben)*
VORKOMMEN *Lokal häufig, Populationen aber weit verstreut*

Storchschnabel-Bläuling

Aricia eumedon (Lycaenidae)

VORKOMMEN: *Wiesen, auf denen die Nahrung der Raupen wächst; auch im Tiefland, aber vorzugsweise im Gebirge*

Diesen Falter kann man für ein Weibchen verschiedener Bläulingsarten halten, wenn man nicht Ober- und Unterseiten betrachtet. Die Oberseiten sind vorwiegend braun, manchmal mit einem Hauch von Blau an der Basis. Die hellgrauen Unterseiten haben kleine schwarze Flecken.

FLÜGELSPANNWEITE *3 cm*
FLUGZEIT *Juni–August*
NAHRUNG DER RAUPE *Wald-Storchschnabel* (Geranium sylvaticum) *und andere Storchschnabel-Arten*
ÄHNLICHE ARTEN Aricia artaxerxes *(links),* Polyommatus ripartii *(unten)*
VORKOMMEN *Im Osten relativ häufig*

Bläuling

Polyommatus ripartii (Lycaenidae)

VORKOMMEN: *Blütenreiche, sonnige Hänge in mediterranem Klima, meist unter 1000 m*

Die Oberseiten dieses aktiven kleinen Schmetterlings sind dunkelbraun. Dadurch ähnelt die Art den Weibchen verschiedener Bläulingsarten. Glücklicherweise zieht sich auf der Unterseite der Hinterflügel ein weißer Streifen von der Flügelbasis bis zum Rand.

Raupe nicht ausreichend bekannt

FLÜGELSPANNWEITE *3,5 cm*
FLUGZEIT *Juni–August*
NAHRUNG DER RAUPE *Esparsette* (Onobrychis)
ÄHNLICHE ARTEN Polyommatus damon *(S. 35),* Aricia eumedon *(oben)*
VORKOMMEN *Lokal häufig im begrenzten südlichen Verbreitungsgebiet*

VORKOMMEN: *Gebüsche, alte Hecken und Waldränder, wo die Nahrungspflanzen der Raupen wachsen*

Nierenfleck-Zipfelfalter

Thecla betulae (Lycaenidae)

Die Unterseiten sind mit orangebrauner Grundfarbe und feinen schwarzen und weißen Linien sehr auffallend. Während das Männchen dunkelbraune Oberseiten hat, trägt das Weibchen einen nierenförmigen orangefarbenen Fleck auf den Vorderflügeln.

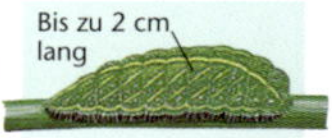

FLÜGELSPANNWEITE *4–5 cm*
FLUGZEIT *Juli–August*
NAHRUNG DER RAUPE *V.a. Gewöhnliche Schlehe* (Prunus spinosa) *und verwandte Arten, auch Birke* (Betula)
ÄHNLICHE ARTEN *Keine*
VORKOMMEN *Verbreitet, aber lokal in klar abgegrenzten Kolonien*

VORKOMMEN: *Hecken, Hänge mit Gebüschen und Waldränder, wo die Nahrung der Raupe wächst*

Kleiner Schlehen-Zipfelfalter

Satyrium acaciae (Lycaenidae)

Diese kleine Art sieht man oft an den Blüten von Brombeeren und anderen Heckenpflanzen Nektar trinken. Dabei zeigt sie nur die Flügelunterseiten, die graubraun sind und eine gewellte weiße Linie mit schwarzem Rand tragen. Eine Reihe orangefarbener Flecken mit schwarzem Rand säumt den Hinterflügel.

FLÜGELSPANNWEITE *2,5–3 cm*
FLUGZEIT *Juni–Juli*
NAHRUNG DER RAUPE *Gewöhnliche Schlehe* (Prunus spinosa)
ÄHNLICHE ARTEN Satyrium ilicis *(rechts), der tiefbraune Flügelunterseiten hat;* Satyrium esculi *(rechts)*
VORKOMMEN *Verbreitet und lokal häufig*

Brauner Eichen-Zipfelfalter

Satyrium ilicis (Lycaenidae)

Bestimmungsmerkmale sind lange Schwanzanhänge und die tiefbraune Grundfarbe der Unterseiten. Die Unterseiten tragen eine unregelmäßige, unterbrochene weiße Linie und hinten eine Reihe halbmondförmiger orangefarbener Flecken mit schwarzem Rand.

VORKOMMEN: *Gebiete mit Eichenbestand und offene, bewaldete Hänge von 0 bis 1500 m Höhe*

FLÜGELSPANNWEITE *3,5 cm*
FLUGZEIT *Juni–Juli*
NAHRUNG DER RAUPE *Verschiedene Eichen-Arten* (Quercus)
ÄHNLICHE ARTEN Satyrium acaciae *(links)*, Satyrium esculi *(unten), die beide eher graubraun sind*
VORKOMMEN *Verbreitet und ziemlich häufig*

Zipfelfalter

Satyrium esculi (Lycaenidae)

Die Art ist leicht mit dem Braunen Eichen-Zipfelfalter (oben) zu verwechseln. Die Unterseiten sind heller graubraun mit getrennten kleineren, rötlicheren Flecken am Hinterrand. Ruhende Falter zeigen die dunkelbraunen Oberseiten fast nie.

VORKOMMEN: *Gebiete mit mediterranen Hartlaubgebüschen, wo kleinwüchsige Eichen-Arten dominieren*

FLÜGELSPANNWEITE *3,5 cm*
FLUGZEIT *Juni–Juli*
NAHRUNG DER RAUPE *Niedrigwüchsige Eichen-Arten* (Quercus)
ÄHNLICHE ARTEN Satyrium acaciae *(links)*, Satyrium ilicis *(oben)*
VORKOMMEN *In warmen mediterranen Lebensräumen relativ häufig*

Schlehen-Zipfelfalter

Satyrium spini (Lycaenidae)

Er zeigt die Oberseiten beim Ruhen fast nie. Das charakteristischste Merkmal, ein blauer Fleck auf der Unterseite der Hinterflügel, ist gut zu sehen, wenn der Falter an den Blüten niedrigwüchsiger Pflanzen Nektar trinkt. Wie viele Verwandte hat er kleine Schwanzanhänge an den Hinterflügeln.

VORKOMMEN: *Ausgedehnte Gebiete mit Hecken, Gebüschen und Waldrändern, wo die Nahrung der Raupen wächst*

FLÜGELSPANNWEITE *3,5 cm*
FLUGZEIT *Juni–Juli*
NAHRUNG DER RAUPE *Kreuzdorn* (Rhamnus), *Gewöhnliche Schlehe* (Prunus spinosa)
ÄHNLICHE ARTEN *Keine*
VORKOMMEN *Verbreitet und lokal häufig, bildet oft vergleichsweise kleine, getrennte Kolonien*

Pflaumen-Zipfelfalter

Satyrium pruni (Lycaenidae)

Wenn man genau hinsieht, erkennt man, dass dies eine sehr hübsch gezeichnete Art ist, vor allem, wenn man die Unterseiten betrachtet. Sie sind tiefbraun mit weißen Streifen, und das orangefarbene Band am Rand trägt schwarze Flecken mit weißem Rand. Man sieht die Art oft langsam über die Blätter von Heckenpflanzen laufen.

VORKOMMEN: *Schlehengebüsche, alte Hecken, Waldränder und Lichtungen bis etwa 1000 m Höhe*

FLÜGELSPANNWEITE *3,5 cm*
FLUGZEIT *Juni–Juli*
NAHRUNG DER RAUPE *Gewöhnliche Schlehe* (Prunus spinosa)
ÄHNLICHE ARTEN Satyrium w-album *(rechts), der auf der Unterseite des Hinterflügels eine W-förmige Linie hat*
VORKOMMEN *Verbreitet, aber lokal*

Ulmen-Zipfelfalter

Satyrium w-album (Lycaenidae)

Wie die meisten Zipfelfalter ist die Art ziemlich charakteristisch. Das beste Merkmal ist der weiße Streifen auf der Unterseite der Hinterflügel, der aussieht wie ein »W«. Die Grundfarbe unten ist tiefbraun. Der Hinterflügel trägt eine Reihe aus verbundenen orangefarbenen Halbmondflecken. Außer den offensichtlichen Schwanzanhängen sind zwei weitere Verlängerungen sichtbar. In Ruhe sind die braunen Oberseiten selten zu sehen.

VORKOMMEN: *Alte Hecken, Waldränder und Schneisen, unbedingt an das Vorkommen von Ulmen gebunden*

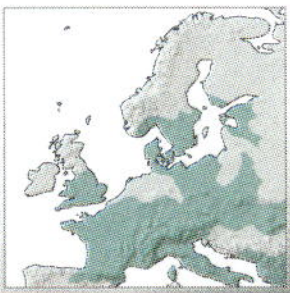

ANMERKUNG

Obwohl Ulmen-Zipfelfalter die meiste Zeit ihres kurzen Lebens damit verbringen, um die Wipfel von Ulmen zu fliegen, trinken sie gerne den Nektar von Brombeerblüten, wobei man sie beobachten kann.

FLÜGELSPANNWEITE *3,5 cm*
FLUGZEIT *Juli*
NAHRUNG DER RAUPE *Ulme* (Ulmus)
ÄHNLICHE ARTEN Satyrium pruni *(links), der schwarze Flecken entlang des orangefarbenen Bandes auf der Unterseite hat*
VORKOMMEN *Verbreitet, aber lokal; durch das Ulmensterben bedroht*

VORKOMMEN: *Gebunden an Waldland, meist in feuchten Tälern, wo die Nahrungspflanzen der Raupen gedeihen*

Großer Eisvogel

Limenitis populi (Nymphalidae)

Obwohl er die meiste Zeit in den Baumwipfeln verbringt, kommt er manchmal auf den Boden, um Flüssigkeit von Dung oder Aas zu trinken. Die graubraunen Ober- und die orangefarbenen Unterseiten sind mit weißen Flecken und blauen Rändern gezeichnet.

FLÜGELSPANNWEITE *7–8 cm*
FLUGZEIT *Juni–Juli*
NAHRUNG DER RAUPE *Pappeln, v.a. Zitter-Pappel* (Populus tremula)
ÄHNLICHE ARTEN *Keine*
VORKOMMEN *Verbreitet und lokal häufig, aber schwierig zu entdecken, da er meist in den Baumwipfeln fliegt*

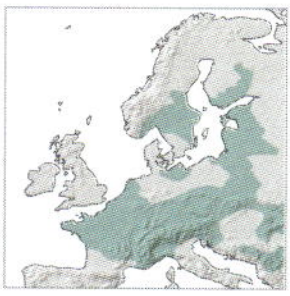

VORKOMMEN: *Gebiete im Hochland, v.a. Moore; meist zwischen 500 und 1500 m Höhe*

Knochs Mohrenfalter

Erebia epiphron (Satyridae)

In jeder Region, in der diese Art vorkommt, tritt sie in einer anderen Form auf. Stets aber ist die Grundfarbe der Flügel dunkelbraun. Jeder Flügel hat ein orangefarbenes Band, das in Größe und Intensität variiert und eine variable Anzahl kleiner schwarzer Flecken trägt. Die Ober- und Unterseiten sind ähnlich.

FLÜGELSPANNWEITE *3,2 cm*
FLUGZEIT *Juli–August*
NAHRUNG DER RAUPE *Verschiedene Gräser (Familie* Poaceae*)*
ÄHNLICHE ARTEN Erebia melampus *(rechts) mit kleineren schwarzen Flecken in den orangefarbenen Bändern*
VORKOMMEN *Verbreitet und lokal häufig*

Blinder Mohrenfalter

Erebia pharte (Satyridae)

Der Falter kommt in großen Höhen vor und ist daran zu erkennen, dass die schwarzen Flecken in den orangefarbenen Flügelbändern fehlen. Die Intensität und Breite der Bänder variiert je nach geographischer Lage, die Grundfarbe von Ober- und Unterseite ist braun.

VORKOMMEN: *Grasland in den Alpen und in der Tatra von 1500 bis 2500 m Höhe*

Bis zu 2 cm lang

FLÜGELSPANNWEITE *3,5–4 cm*
FLUGZEIT *Juli–August*
NAHRUNG DER RAUPE *Verschiedene Gräser (Familie Poaceae)*
ÄHNLICHE ARTEN *Keine; dieser Art fehlen als einziger der Gattung die dunklen Flecken in den Bändern.*
VORKOMMEN *Lokal*

Kleiner Mohrenfalter

Erebia melampus (Satyridae)

Er ist an kleinen Unterschieden in der Zeichnung von ähnlichen Arten zu unterscheiden. Die schwarzen Flecken im orangefarbenen Band sind klein im Vergleich zu denen von Knochs Mohrenfalter (links), auf dem Hinterflügel befinden sich meist weniger als vier solcher Flecken. Ober- und Unterseiten sind sehr ähnlich.

VORKOMMEN: *Grasbewachsene Moore in den Alpen von 1000 bis 2000 m Höhe*

Bis zu 2 cm lang

FLÜGELSPANNWEITE *3,5–4 cm*
FLUGZEIT *Juli–August*
NAHRUNG DER RAUPE *Verschiedene Gräser (Familie Poaceae)*
ÄHNLICHE ARTEN Erebia epiphron *(links),* Erebia sudetica *(S. 132)*
VORKOMMEN *Im begrenzten Verbreitungsgebiet in den Alpen sehr lokal*

Sudeten-Mohrenfalter

Erebia sudetica (Satyridae)

VORKOMMEN: *Grasland im Gebirge, offenes Gelände und lichtes Waldland von 1000 bis 2000 m Höhe*

Wie einige nahe Verwandte hat er dunkelbraune Flügeloberseiten, die orangefarbene Bänder tragen. Sie sind oft auf Vorder- und Hinterflügeln gleich intensiv gefärbt. In den Bändern sind kleine schwarze Flecken zu erkennen, meist je vier oder fünf auf Vorder- und Hinterflügel. Die Unterseiten ähneln den Oberseiten.

Raupe nicht ausreichend bekannt

FLÜGELSPANNWEITE *3,5 cm*
FLUGZEIT *Juli–August*
NAHRUNG DER RAUPE *Verschiedene Gräser (Familie* Poaceae*)*
ÄHNLICHE ARTEN Erebia epiphron *(S. 130),* Erebia melampus *(S. 131), beide mit ungleichmäßigerem Band auf dem Vorderflügel*
VORKOMMEN *Lokal häufig*

Seidenglanz-Mohrenfalter

Erebia gorge (Satyridae)

VORKOMMEN: *Steinige Berghänge mit grasbewachsenen Stellen auf 2000 bis 3000 m*

Die variable Art ist oben meist tiefbraun. Die Breite des orangeroten Bandes auf dem Vorderflügel ist ein klares Merkmal. Auf dem Hinterflügel findet sich ein weniger intensives Band. Zahl und Größe der Flecken in diesem Band variieren im Verbreitungsgebiet, bei einigen Populationen fehlen sie.

Raupe nicht ausreichend bekannt

FLÜGELSPANNWEITE *3,5–4 cm*
FLUGZEIT *Juli–August*
NAHRUNG DER RAUPE *Verschiedene Gräser (Familie* Poaceae*)*
ÄHNLICHE ARTEN Erebia cassioides *(rechts), der ein kürzeres orangerotes Band auf dem Vorderflügel hat*
VORKOMMEN *Sehr lokal*

Mohrenfalter

Erebia cassioides (Satyridae)

Die Männchen schimmern oben messinggrün. Der Vorderflügel trägt ein breites orangefarbenes Feld mit zwei Augenflecken, der Hinterflügel ein blasseres Band mit drei bis vier Augenflecken. Die Unterseite vorn ähnelt der Oberseite, die hintere ist grau und braun marmoriert.

VORKOMMEN: *Nur auf Gebirgswiesen über 1500 m, oft sogar über 2000 m*

FLÜGELSPANNWEITE *3,5–4 cm*
FLUGZEIT *Juli–August*
NAHRUNG DER RAUPE *Verschiedene Gräser (Familie* Poaceae*), v. a. Borstgras* (Nardus stricta)*, Schwingel* (Festuca)
ÄHNLICHE ARTEN Erebia gorge *(links), dem die messinggrüne Tönung fehlt*
VORKOMMEN *Lokal ziemlich häufig*

Spiegelfleck-Dickkopffalter

Heteropterus morpheus (Hesperiidae)

Der klar gezeichnete Falter ist unverkennbar, wenn man die Unterseiten sieht. Die Oberseiten sind einheitlich dunkel und haben verstreute helle Flecken auf den Vorderflügeln. Die Zeichnung auf den Unterseiten der Hinterflügel ist ein typisches Muster aus weißen Ovalen mit schwarzen Ringen.

VORKOMMEN: *Offenes Waldland, grasbewachsene Heidegebiete und feuchte Wiesen, meist unter 1000 m*

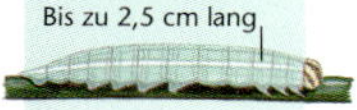

FLÜGELSPANNWEITE *3 cm*
FLUGZEIT *Juni–August*
NAHRUNG DER RAUPE *Verschiedene Gräser (Familie* Poaceae*), v. a. Blaues Pfeifengras* (Molinia caerulea)
ÄHNLICHE ARTEN *Keine*
VORKOMMEN *Lokal häufig, nimmt aber durch Lebensraumzerstörung ab*

VORKOMMEN: *Steinige Hänge mit vereinzelten Grasflächen von 1000 bis 2000 m Höhe*

Augenfalter

Hipparchia actaea (Satyridae)

Selten zeigt er in Ruhe seine rußbraunen Oberseiten. Man sieht dann die Augenflecken auf den Vorderflügeln: zwei bei Weibchen, einer bei Männchen. Meist sieht man aber nur die grau-braun marmorierten Unterseiten. Die Hinterflügel tragen zwei helle, konzentrische Bänder, die Vorderflügel einen Augenfleck.

FLÜGELSPANNWEITE *5,5–6,5 cm*
FLUGZEIT *Juli–August*
NAHRUNG DER RAUPE *Verschiedene Gräser, v. a. Trespe* (Bromus)
ÄHNLICHE ARTEN Hipparchia ferula *(S. 144; Augenflecken mit weißen Punkten)*; Hipparchia dryas *(Augenflecken mit blauer Mitte)*
VORKOMMEN *Lokal, aber ziemlich häufig*

VORKOMMEN: *Steinige und grasbewachsene Hänge von 2000 bis 3000 m Höhe*

Eis-Mohrenfalter

Erebia pluto (Satyridae)

Bei einigen Rassen sind die Oberseiten der Männchen fast schwarz. Die meisten Weibchen und die Männchen vieler Rassen haben rußbraune Flügel mit variablen Flecken in Mattorangerot auf den Vorderflügeln. Einige Rassen tragen Augenflecken, die Unterseite der Hinterflügel ist nie gezeichnet.

FLÜGELSPANNWEITE *5 cm*
FLUGZEIT *Juli–August*
NAHRUNG DER RAUPE *Verschiedene Gräser (Familie* Poaceae*)*
ÄHNLICHE ARTEN *Keine im begrenzten Gebiet und der extremen Höhe*
VORKOMMEN *Lokal ziemlich häufig, Verbreitungsgebiet jedoch sehr begrenzt*

Weißbindiger Mohrenfalter

Erebia ligea (Satyridae)

Das Aussehen ist innerhalb des großen Verbreitungsgebietes sehr konstant. Dunkelbraune Oberseiten tragen orangefarbene Bänder mit schwarzen Augenflecken. Auf den Unterseiten der Vorderflügel wiederholt sich dieses Muster, das Orange ist weniger klar abgegrenzt. Auf den Hinterflügeln befindet sich eine unregelmäßige weiße Linie.

VORKOMMEN: *Grasflächen in offenem Waldland und Heidegebieten, meist in 500 bis 1500 m Höhe*

Raupe nicht ausreichend bekannt

FLÜGELSPANNWEITE *5 cm*
FLUGZEIT *Juli–August*
NAHRUNG DER RAUPE *Verschiedene Gräser (Familie* Poaceae*)*
ÄHNLICHE ARTEN Erebia euryale *(unten), der in höheren Lagen vorkommt; einige Formen von* Erebia aethiops *(S. 136)*
VORKOMMEN *Verbreitet und lokal häufig*

Rotgestreifter Rundaugenfalter

Erebia euryale (Satyridae)

Die dunkelbraunen Oberseiten tragen orangefarbene Bänder mit dunklen Augenflecken. Die Art ähnelt dem Weißbindigen Mohrenfalter, kommt aber meist in höheren Lagen vor. Den Männchen fehlt die weiße Linie auf der Unterseite des Hinterflügels, Weibchen tragen ein grauweißes Band.

VORKOMMEN: *Grasbewachsene Lichtungen in offenem Waldland (oft Nadelwald), meist in 1000 bis 2000 m Höhe*

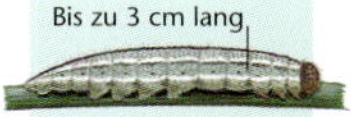

FLÜGELSPANNWEITE *4–4,5 cm*
FLUGZEIT *Juli–September*
NAHRUNG DER RAUPE *Verschiedene Gräser (Familie* Poaceae*)*
ÄHNLICHE ARTEN Erebia ligea *(oben);* Erebia aethiops *(S. 136), der auffälligere weiße Punkte auf den Augenflecken hat*
VORKOMMEN *Verbreitet, aber lokal*

Gelbgefleckter Mohrenfalter

Erebia manto (Satyridae)

VORKOMMEN: *Hoch gelegene Gebirgswiesen und Grasland, meist in 1500 bis 2500 m Höhe*

Er ist sehr variabel, was die Ausdehnung der orangefarbenen Zeichnung auf den Oberseiten betrifft. Einige Rassen sind dunkelbraun. Die Weibchen sind einfach zu bestimmen, denn sie tragen auf den Unterseiten der Hinterflügel kräftige gelbe Flecken, die bei Männchen leider fehlen.

FLÜGELSPANNWEITE *4 cm*
FLUGZEIT *Juli–August*
NAHRUNG DER RAUPE *Verschiedene Gräser (Familie Poaceae)*
ÄHNLICHE ARTEN *Verschiedene Arten der Gattung* Erebia; *Weibchen sind unverkennbar*
VORKOMMEN *In seinem begrenzten Verbreitungsgebiet lokal ziemlich häufig*

Graubindiger Mohrenfalter

Erebia aethiops (Satyridae)

VORKOMMEN: *Grasflächen in offenem Waldland und in Mooren; meist in 500 bis 1500 m Höhe*

Da er langsam fliegt und sich oft sonnt, ist der Falter gut zu beobachten. Auf dunkelbraunem Grund zeigen beide Flügel oben orangerötliche Streifen, die Augenflecken mit weißen Punkten enthalten. Die Unterseite der Vorderflügel ähnelt der Oberseite, die Hinterflügel sind rußbraun mit einem grauvioletten Band.

FLÜGELSPANNWEITE *4–4,5 cm*
FLUGZEIT *Juli–September*
NAHRUNG DER RAUPE *Verschiedene Gräser (Familie Poaceae)*
ÄHNLICHE ARTEN Erebia pronoe *(S. 139), der keine so auffälligen weißen Punkte auf den Augenflecken hat*
VORKOMMEN *Lokal häufig*

Mohrenfalter

Erebia embla (Satyridae)

Der auffallenden Zeichnung wegen ist die Art in ihrem subarktischen und arktischen Verbreitungsgebiet einfach zu bestimmen. Die Oberseiten tragen Augenflecken mit gelben Ringen, meist vier auf jedem Flügel. Die beiden an den vorderen Flügelspitzen sind verbunden und tragen weiße Punkte. Unten tragen nur die Vorderflügel Flecken.

VORKOMMEN: *Grasbewachsene, oft feuchte Gebiete mit einzelnen Nadelbäumen, meist unter 500 m*

Raupe nicht ausreichend bekannt

FLÜGELSPANNWEITE *5 cm*
FLUGZEIT *Juni–Juli*
NAHRUNG DER RAUPE *Verschiedene Gräser (Familie* Poaceae*)*
ÄHNLICHE ARTEN Erebia disa *(S. 138), der 4–5 verbundene orangerandige Augenflecken auf dem Vorderflügel hat*
VORKOMMEN *Lokal häufig*

Alpen-Mohrenfalter

Erebia triaria (Satyridae)

Wie viele Verwandte ist er vorwiegend dunkelbraun. Auf den Oberseiten trägt er ein orangefarbenes Band mit schwarzen, weiß gepunkteten Augenflecken. Die vorderen drei sind meist verbunden und stehen in einer Linie. Die Vorderflügel sind unten ähnlich gezeichnet wie oben, nur matter.

VORKOMMEN: *Grasland im Gebirge, oft mit verstreuten Nadelbäumen; meist zwischen 1000 und 2000 m Höhe*

FLÜGELSPANNWEITE *4,5–5 cm*
FLUGZEIT *Mai–Juli*
NAHRUNG DER RAUPE *Verschiedene Gräser (Familie* Poaceae*)*
ÄHNLICHE ARTEN Erebia meolans *(S. 141), der auf der Unterseite des Vorderflügels ein klar abgegrenztes Band in Orange hat*
VORKOMMEN *Lokal und selten häufig*

Mohrenfalter

Erebia disa (Satyridae)

Dies ist einer der wenigen Mohrenfalter, die so weit nördlich leben. Er hat eine charakteristische konstante Färbung. Die Oberseiten sind dunkelbraun. Die Hinterflügel sind nicht gezeichnet, die Vorderflügel tragen vier bis fünf verbundene orangerandige Augenflecken ohne weiße Punkte. Die Unter- ähneln den Oberseiten.

VORKOMMEN: *Offenes Waldland in feuchten Tälern und Mooren, meist in gemäßigten Höhenlagen*

Raupe nicht ausreichend bekannt

FLÜGELSPANNWEITE *4,5–5 cm*
FLUGZEIT *Juni–Juli*
NAHRUNG DER RAUPE *Verschiedene Gräser (Familie* Poaceae*)*
ÄHNLICHE ARTEN Erebia embla *(S. 137), der weiße Punkte auf den zwei vorderen Augenflecken der Oberseiten hat*
VORKOMMEN *Lokal, aber relativ häufig*

Rundaugen-Mohrenfalter

Erebia medusa (Satyridae)

Die Vorderflügel tragen ein orangegelbes Band mit zwei auffälligen Augenflecken nahe der Spitze und einen oder mehr kleinere Augenflecken dahinter. Auf dem Hinterflügel befinden sich vier oder mehr Augenflecken. Die Ober- und Unterseiten sind ähnlich gefärbt. Meist sind Weibchen heller.

VORKOMMEN: *Wiesen an Waldrändern, Lichtungen und in Mooren; im Norden im Tiefland, im Süden an unteren Berghängen*

FLÜGELSPANNWEITE *4–4,5 cm*
FLUGZEIT *Mai–Juni*
NAHRUNG DER RAUPE *Verschiedene Gräser (Familie* Poaceae*)*
ÄHNLICHE ARTEN Erebia pronoe *(rechts), der ein violettgraues Band auf der Unterseite der Hinterflügel hat;* Erebia oeme *(S. 140)*
VORKOMMEN *Verbreitet und relativ häufig*

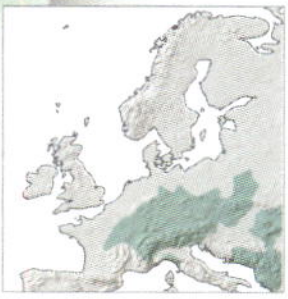

Gelbäugiger Mohrenfalter

Erebia alberganus (Satyridae)

VORKOMMEN: *Gebirgswiesen von 1200 bis 1500 m Höhe*

Obwohl diese Art sehr variabel ist, ist ein typischer Falter gut erkennbar. Die dunkelbraunen Flügel tragen Bänder ovaler oder mandelförmiger Augenflecken mit dunklen, meist hell gepunkteten Flecken. Die Flügelober- und Unterseiten sind ähnlich.

FLÜGELSPANNWEITE *4 cm*
FLUGZEIT *Juni–Juli*
NAHRUNG DER RAUPE *Verschiedene Gräser (Familie* Poaceae*)*
ÄHNLICHE ARTEN Erebia oeme *(S. 140)*
VORKOMMEN *Relativ häufig, innerhalb seines begrenzten Verbreitungsgebiets jedoch lokal*

Mohrenfalter

Erebia pronoe (Satyridae)

VORKOMMEN: *Grasbewachsene Hänge und Lichtungen in Bergwäldern in 1000 bis 3000 m Höhe*

Beide Flügelpaare tragen orangefarbene Bänder. Auf den Vorderflügeln befinden sich zwei verbundene Augenflecken, weiter unten ein oder zwei weitere. Das Unterseitenmuster der Vorderflügel entspricht dem der Oberseiten. Die Hinterflügel sind braun marmoriert mit breitem violettgrauen Band.

Raupe nicht ausreichend bekannt

FLÜGELSPANNWEITE *4,5–5 cm*
FLUGZEIT *Juli–September*
NAHRUNG DER RAUPE *Verschiedene Gräser (Familie* Poaceae*)*
ÄHNLICHE ARTEN Erebia aethiops *(S. 136)*, Erebia medusa *(links)*, Erebia styx *(S. 140)*, Erebia neoridas *(S. 142)*
VORKOMMEN *Im Hochland relativ häufig*

Mohrenfalter

Erebia styx (Satyridae)

Im orangefarbenen Band auf der Oberseite vorn befinden sich zwei verbundene Augenflecken, manchmal auch weitere kleinere. Die Hinterflügel tragen drei bis vier Augenflecken. Vorn sind die Unterseiten orange, hinten graubraun marmoriert, jeweils mit Augenflecken. Weibchen sind heller.

VORKOMMEN: *Steinige Stellen an Berghängen, meist in 1000 bis 2000 m Höhe*

FLÜGELSPANNWEITE *4,5–5 cm*
FLUGZEIT *Juli–August*
NAHRUNG DER RAUPE *Verschiedene Gräser (Familie* Poaceae*)*
ÄHNLICHE ARTEN Erebia pronoe *(S. 139),* Erebia oeme *(unten),* Erebia meolans *(rechts)*
VORKOMMEN *Lokal häufig*

Doppelaugen-Mohrenfalter

Erebia oeme (Satyridae)

Klar gezeichnete Exemplare sind leicht zu bestimmen. Ihre tiefschwarzen Augenflecken haben große weiße Punkte. Bei manchen Unterarten sind sie kleiner und weniger klar. Hier müssen die Antennenspitzen als Merkmal dienen: Sie sind schwarz (statt braun wie bei verwandten Arten).

VORKOMMEN: *Feuchte Bergwiesen und -wälder in 1000 bis 2000 m Höhe*

FLÜGELSPANNWEITE *4–4,5 cm*
FLUGZEIT *Juni–Juli*
NAHRUNG DER RAUPE *Verschiedene Gräser (Familie* Poaceae*), Hainsimse* (Luzula)
ÄHNLICHE ARTEN Erebia medusa *(S. 138),* Erebia meolans *(rechts)*
VORKOMMEN *Relativ häufig, in seinem Verbreitungsgebiet im Hochland jedoch lokal*

Gelbbindiger Mohrenfalter

Erebia meolans (Satyridae)

Eines der Merkmale ist ein orangerotes Band auf der Unterseite des Vorderflügels. In diesem Band befinden sich zwei verbundene Augenflecken mit weißen Punkten und einzelne kleinere Flecken. Die Unterseite des Hinterflügels ist dunkel mit kleinen, blassen Augenflecken.

VORKOMMEN: *Gebirgshänge und hoch gelegene Wiesen, meist in 1000 bis 2000 m Höhe*

FLÜGELSPANNWEITE *5 cm*
FLUGZEIT *Juni–Juli*
NAHRUNG DER RAUPE *Verschiedene Gräser (Familie* Poaceae*)*
ÄHNLICHE ARTEN Erebia triaria *(S. 137),* Erebia oeme *(links)*
VORKOMMEN *In seinem begrenzten Verbreitungsgebiet im Hochland lokal häufig*

Mohrenfalter

Erebia montana (Satyridae)

Um die Art zu bestimmen, muss man Ober- und Unterseite sehen. Die Oberseiten tragen deutlich abgegrenzte orangerote Bänder mit zwei verbundenen und manchmal weiteren kleinen Augenflecken. Das Muster auf den Unterseiten der Vorderflügel ähnelt dem der Oberseiten, die Hinterflügel sind graubraun marmoriert mit unregelmäßiger weißer Linie. Weibchen sind meist heller.

VORKOMMEN: *Steinige Hänge und andere felsige Gebiete im Hochland, meist in 1000 bis 2000 m Höhe*

FLÜGELSPANNWEITE *4,5–5 cm*
FLUGZEIT *Juli–August*
NAHRUNG DER RAUPE *Verschiedene Gräser (Familie* Poaceae*)*
ÄHNLICHE ARTEN Erebia styx *(links),* Erebia neoridas *(S. 142)*
VORKOMMEN *In seinem begrenzten Verbreitungsgebiet lokal häufig*

Mohrenfalter

Erebia neoridas (Satyridae)

Die Form des orangeroten Flecks auf der Oberseite des Vorderflügels ist wohl das beste Merkmal. Er läuft fast zu einer Spitze aus und wirkt dreieckig. Bei verwandten Arten verläuft das Band gleichmäßiger und endet stumpf. Sonst ähnelt die Art vielen anderen *Erebia*-Arten.

VORKOMMEN: *Bergwiesen und offenes Waldland, meist in 1000 bis 2000 m Höhe*

Raupe nicht ausreichend bekannt

FLÜGELSPANNWEITE *4,5–5 cm*
FLUGZEIT *August–September*
NAHRUNG DER RAUPE *Verschiedene Gräser (Familie* Poaceae*)*
ÄHNLICHE ARTEN Erebia montana *(S. 141), der oft eine zentrale weiße Linie auf dem Hinterflügel hat*
VORKOMMEN *Lokal relativ häufig*

Brauner Waldvogel

Aphantopus hyperantus (Satyridae)

Die Oberseiten sind rußbraun. Bei Männchen sind sie dunkler und erscheinen fast schwarz. Auf den Oberseiten sind manchmal kleine schwarze Augenflecken zu sehen. Die braunen Unterseiten tragen gelbrandige schwarze Augenflecken mit weißen Punkten.

VORKOMMEN: *Wiesen, Hecken, Wegränder und Waldlichtungen, meist in tiefen Lagen*

FLÜGELSPANNWEITE *4,5–5 cm*
FLUGZEIT *Juni–Juli*
NAHRUNG DER RAUPE *Verschiedene Gräser (Familie* Poaceae*)*
ÄHNLICHE ARTEN Coenonympha oedippus *(S. 98), der eher orangebraune Flügelunterseiten hat*
VORKOMMEN *Verbreitet und häufig*

Waldbrettspiel

Pararge aegeria (Satyridae)

VORKOMMEN: *In Wäldern, meist an den Rändern sonniger Lichtungen und Schneisen*

Die Art erscheint in zwei unterschiedlichen Formen im Verbreitungsgebiet. In den meisten Gegenden sind die Oberseiten dunkelbraun mit einem ausgedehnten Muster hell gelbbrauner Flecken. In einigen der hellen Felder sitzen Augenflecken. Südlich der Linie zwischen Bretagne und Norditalien haben die Falter orangefarbene Flecken statt hell gelbbrauner und ähneln auf den ersten Blick dem Mauerfuchs (S. 106). Muster und Färbung der Unterseiten ähneln bei beiden Formen den Oberseiten.

ANMERKUNG

Das Männchen verteidigt sein Revier, indem es eindringende Männchen und Schmetterlinge anderer Arten in der Luft angreift. Nach dem Kampf kehrt der Sieger zu einer der bevorzugten Ansitzstellen zurück, meist auf einem sonnenbeschienenen Blatt.

SÜDLICHE FORM

FLÜGELSPANNWEITE *4,5 cm*
FLUGZEIT *März–Oktober, in mehreren Generationen*
NAHRUNG DER RAUPE *Verschiedene Gräser, die im Wald vorkommen (Familie* Poaceae*)*
ÄHNLICHE ARTEN *Südliche Form ähnelt* Pararge megera *(S. 106), der auf den Hinterflügeln eine Reihe von Augenflecken hat*
VORKOMMEN *Verbreitet und lokal häufig; im Großteil des Verbreitungsgebietes eine bekannte Art*

Graubrauner Mohrenfalter

Erebia pandrose (Satyridae)

Auf der Oberseite des Vorderflügels trägt der graubraune Falter ein großes orangerotes Feld mit vier schwarzen Augenflecken, das von einer dunklen Linie geteilt wird. Auf der Oberseite des Hinterflügels sitzen meist vier undeutliche orangerandige Augenflecken.

VORKOMMEN: *Nur in tief liegender Tundra (in Skandinavien) und auf Bergwiesen von 2000 bis 3000 m Höhe (im Süden)*

FLÜGELSPANNWEITE *4,5 cm*
FLUGZEIT *Juni–Juli*
NAHRUNG DER RAUPE *Verschiedene Gräser, die im Gebirge und im Norden vorkommen (Familie* Poaceae*)*
ÄHNLICHE ARTEN *Keine*
VORKOMMEN *In den nicht zusammenhängenden Verbreitungsgebieten lokal häufig*

Südlicher Waldportier

Hipparchia ferula (Satyridae)

Die Flügeloberseiten der Männchen sind oft so dunkel, dass nur die weißen Punkte in den zwei bis vier Augenflecken sichtbar sind. Weibchen haben dunkelbraune Flügeloberseiten mit einem matt orangefarbenen Band auf dem Vorderflügel, in dem zwei Augenflecken sitzen.

VORKOMMEN: *Trockene, steinige Hügel und tiefere Berghänge, meist in 500 bis 1500 m Höhe*

FLÜGELSPANNWEITE *5,5–6,5 cm*
FLUGZEIT *Juli–August*
NAHRUNG DER RAUPE *Verschiedene Gräser (Familie* Poaceae*)*
ÄHNLICHE ARTEN Hipparchia dryas *(rechts), der charakteristische Augenflecken mit blauer Mitte auf den Vorderflügeln hat*
VORKOMMEN *Lokal häufig*

Blauäugiger Waldportier

Hipparchia dryas (Satyridae)

Ein charakteristisches Merkmal sind große Augenflecken mit blauer Mitte auf den Ober- und Unterseiten der Vorderflügel. Sie sind beim Weibchen, dessen Flügel braun sind, auffälliger. Beim Männchen fallen sie weniger auf, da die Flügel sehr dunkel sind.

VORKOMMEN: *Trockenes Grasland, offenes Gelände mit einzelnen Bäumen; unter 1000 m*

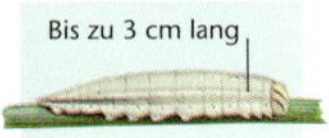

FLÜGELSPANNWEITE *5–6 cm*
FLUGZEIT *Juli–August*
NAHRUNG DER RAUPE *Verschiedene Gräser (Familie* Poaceae*)*
ÄHNLICHE ARTEN *Keine, solange die Augenflecken mit dunkler Mitte zu erkennen sind; sonst* Hipparchia ferula *(links)*
VORKOMMEN *Verbreitet und lokal häufig*

Blauschwarzer Eisvogel

Limenitis reducta (Nymphalidae)

Die Oberseiten dieser dem Kleinen Eisvogel (S. 146) ähnlichen Art haben eine dunklere Grundfarbe mit breiteren weißen Bändern und meist einen einzelnen weißen Fleck an der Basis des Vorderflügels. Auf den Unterseiten befindet sich auf dem Hinterflügel eine einzige Reihe schwarzer Flecken.

VORKOMMEN: *Waldland und mediterrane Lebensräume mit (Hartlaub-)Gebüschen, meist in tiefen Lagen*

FLÜGELSPANNWEITE *5 cm*
FLUGZEIT *Mai–Juli*
NAHRUNG DER RAUPE *Heckenkirsche* (Lonicera)
ÄHNLICHE ARTEN Limenitis camilla *(S. 146), der auf dem Hinterflügel zwei Reihen schwarzer Flecken hat*
VORKOMMEN *Verbreitet und lokal häufig*

VORKOMMEN: *Alte Wälder mit sonnigen Lichtungen und Schneisen, wo die Nahrung der Raupen wächst, meist unter 1000 m*

Kleiner Eisvogel

Limenitis camilla (Nymphalidae)

Dieser verbreitete und bekannte Waldschmetterling fliegt schnell und reagiert empfindlich auf Störungen. Dennoch trinkt er gerne an Brombeerblüten Nektar und verlässt gute Nahrungsquellen nur ungern. Bei solchen Gelegenheiten kann man den Kleinen Eisvogel gut beobachten, wenn man sich ihm ohne hastige Bewegungen nähert. Die schwarzbraunen Flügeloberseiten tragen charakteristische weiße Bänder. Auf den Unterseiten, die tief orangebraun gefärbt sind, sind sie ähnlich, aber breiter.

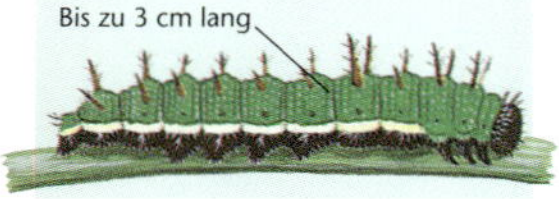

ANMERKUNG

Am Flugmuster kann man diese Art vom ähnlichen Schwarzen Trauerfalter (S. 150) unterscheiden. Obwohl beide gut segeln, ist der gearde Flug des Kleinen Eisvogels kräftig, der des Schwarzen Trauerfalters langsamer und flatternder.

FLÜGELSPANNWEITE *5 cm*
FLUGZEIT *Juni–August*
NAHRUNG DER RAUPE *Heckenkirsche* (Lonicera)*, die typischerweise an schattigen Stellen gedeiht*
ÄHNLICHE ARTEN Limenitis reducta *(S. 145);* Neptis rivularis *(S. 150); zweite Generation von* Araschnia levana *(rechts), die ähnliche Oberseiten, aber völlig andere Unterseiten hat*
VORKOMMEN *Verbreitet und lokal häufig*

Landkärtchen

Araschnia levana (Nymphalidae)

Die Färbung der Oberseiten beider Generationen ist so unterschiedlich, dass man meinen könnte, es handle sich um verschiedene Arten. Die erste Generation ähnelt mit ihrer orangefarbenen und schwarzen Zeichnung einem Scheckenfalter. Die zweite Generation hat dagegen schwärzliche, weiß gezeichnete Flügeloberseiten. Die Flügelform und das auffällige Muster der Flügelunterseiten, das an eine Landkarte erinnert, sind jedoch bei beiden Generationen gleich.

VORKOMMEN: *Waldränder und verwilderte Stellen mit aufgebrochenem Boden, meist in geringen Höhen*

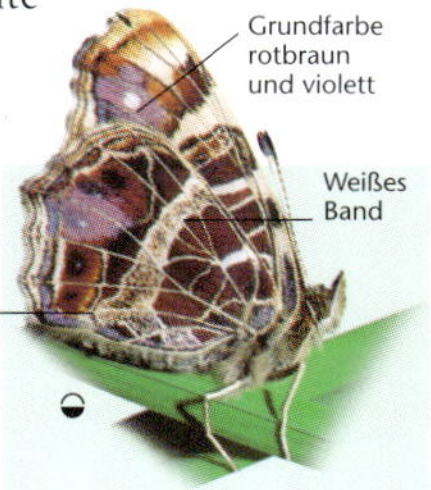

ANMERKUNG

Die erste Generation kann man mit einem Scheckenfalter, die zweite mit dem Kleinen Eisvogel (links) verwechseln. Trotzdem ist die Art an ihrer relativ geringen Größe, dem eckigen Umriss der Flügel und der Zeichnung der Unterseiten gut zu bestimmen.

ERSTE GENERATION

ZWEITE GENERATION

FLÜGELSPANNWEITE *4–4,5 cm*
FLUGZEIT *April–Juni und August–September; zwei unterschiedlich aussehende Generationen*
NAHRUNG DER RAUPE *Brennnessel* (Urtica)
ÄHNLICHE ARTEN *Die erste Generation kann mit einem Scheckenfalter, die zweite mit* Limenitis camilla *(links) verwechselt werden*
VORKOMMEN *Verbreitet und relativ häufig*

VORKOMMEN: *Blütenreiche Wiesen und Wegränder, meist unter 1500 m Höhe*

Schachbrett

Melanargia galathea (Satyridae)

Dieser Falter variiert leicht. Die Oberseiten sind typischerweise cremeweiß mit einem ausgedehnten Muster schwarzer Adern und Flecken. Im Vergleich zu anderen Melanargia-Arten ist das Verhältnis von Schwarz zu Weiß ausgewogen und das Muster gleichmäßig über die Flügel verteilt. Das der Unterseiten ist ähnlich, viele der Flecken sind aber grau, weshalb die Flügel blasser wirken. Die Geschlechter ähneln sich meist, doch sind Weibchen auf den Unterseiten der Hinterflügel oft gelb bestäubt.

FLÜGELSPANNWEITE *5 cm*
FLUGZEIT *Juni–August*
NAHRUNG DER RAUPE *Verschiedene Gräser (Familie* Poaceae*)*
ÄHNLICHE ARTEN Melanargia russiae *(rechts)*, Melanargia occitanica *(rechts)*
VORKOMMEN *Verbreitet und lokal häufig, bildet typischerweise getrennte Kolonien*

ANMERKUNG

Dies ist die häufigste und am weitesten verbreitete der drei hier vorgestellten Melanargia-*Arten. Sie ist im allgemeinen dunkler als ihre Verwandten, auch fehlen die gezackten schwarzen Zeichnungen, die für die beiden anderen Arten typisch sind.*

Östliches Schachbrett

Melanargia russiae (Satyridae)

Die schwarze Zeichnung der Oberseiten findet sich vorwiegend am Rand. Eine gezackte schwarze Linie teilt die weiße Fläche nahe der Vorderflügelbasis. Die Flecken auf der Unterseite der Hinterflügel sitzen nicht in einem grauen Band wie beim Schachbrett (links).

VORKOMMEN: *Blütenreiche Wiesen im Hochland in 1000 bis 2000 m Höhe*

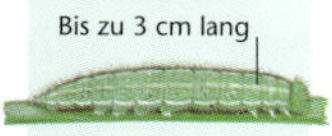

FLÜGELSPANNWEITE *5–5,5 cm*
FLUGZEIT *Juni–Juli*
NAHRUNG DER RAUPE *Verschiedene Gräser (Familie* Poaceae*)*
ÄHNLICHE ARTEN Melanargia galathea *(links) ist dunkler;* Melanargia occitanica *(unten) hat Augenflecken mit blauer Mitte*
VORKOMMEN *Lokal häufig*

Westliches Schachbrett

Melanargia occitanica (Satyridae)

Es ist weniger schwarz gezeichnet als das Schachbrett (links), das Schwarz konzentriert sich auf den Außenrand. Wie beim Östlichen Schachbrett (oben) teilt eine gezackte schwarze Linie die Basis des Vorderflügels. Typisch sind fünf Augenflecken mit blauer Mitte auf Ober- und Unterseite der Hinterflügel.

VORKOMMEN: *Grasbewachsene Hügel und Wiesen an unteren Berghängen von 1000 bis 1500 m Höhe*

FLÜGELSPANNWEITE *5–5,5 cm*
FLUGZEIT *Mai–Juli*
NAHRUNG DER RAUPE *Verschiedene Gräser (Familie* Poaceae*)*
ÄHNLICHE ARTEN Melanargia galathea *(links), das dunkler gezeichnet ist;* Melanargia russiae *(oben)*
VORKOMMEN *Lokal häufig*

VORKOMMEN: *Offenes, feuchtes Waldland, v.a. auf Lichtungen und Schneisen unter 1000 m*

Schwarzer Trauerfalter

Neptis rivularis (Nymphalidae)

Mit breiten und gerundeten Flügeln kann dieser Falter weite Strecken im Gleitflug zurücklegen. Die Oberseiten sind vorwiegend schwärzlich mit weißer Zeichnung. Die Grundfarbe der Unterseiten ist orangebraun mit einer weißen Zeichnung, die der der Oberseiten ähnelt.

FLÜGELSPANNWEITE *5 cm*
FLUGZEIT *Juli–September*
NAHRUNG DER RAUPE *Spierstrauch* (Spiraea)
ÄHNLICHE ARTEN Limenitis reducta *(S. 145),* Limenitis camilla *(S. 146), der auf dem Hinterflügel zwei Reihen schwarzer Flecken hat*
VORKOMMEN *Lokal, im Westen abnehmend*

VORKOMMEN: *Grasbewachsene Gebiete mit einzelnen Bäumen und Büschen vom Tiefland bis 1500 m Höhe*

Weißer Waldportier

Hipparchia circe (Satyridae)

Dieser große und beeindruckend gezeichnete Tagfalter hat einen kräftigen Flug. Da er sich oft sonnt, kann man seine schön gezeichneten schwarzen Flügeloberseiten mit den weißen Bändern gut von nahem betrachten. Die Unterseiten sind braun marmoriert und tragen das gleiche weiße Muster wie die Oberseiten.

FLÜGELSPANNWEITE *6–7 cm*
FLUGZEIT *Juni–August*
NAHRUNG DER RAUPE *Verschiedene Wiesengräser (Familie* Poaceae*)*
ÄHNLICHE ARTEN *Keine; Größe und Zeichnung sind sehr charakteristisch*
VORKOMMEN *Lokal relativ häufig, fehlt aber oft in geeignet scheinenden Lebensräumen*

Nachtfalter

In Europa kommen über 8000 Arten von Nachtfaltern und Kleinschmetterlingen vor, sie sind jedoch nicht so bekannt wie die Tagfalter. Obwohl die meisten Arten nachts fliegen, gibt es auch etliche, die tagsüber aktiv sind. In der Größe variiert diese Gruppe sehr, es gibt winzige Kleinschmetterlinge, deren Flügelspannweite nur einige Millimeter beträgt, und sehr große Arten wie den unten abgebildeten Mittleren Weinschwärmer. Nicht alle Nachtfalter sind matt und unauffällig gefärbt. Manche tragen eine graue oder braune Tarnfärbung, viele sind jedoch ebenso bunt wie die Tagfalter.

HECK-TAGEULE

SILBERSPINNERCHEN

BLUTBÄR

EICHENSPINNER

Kohlmotte

Plutella xylostella (Yponomeutidae)

VORKOMMEN: *V.a. Felder mit Kohl oder anderen Kreuzblütlern; kann als Wanderfalter in fast jedem Lebensraum auftauchen.*

Diese winzige Art kommt weltweit vor und wandert weite Strecken. Die Raupen können auf Kohlfeldern großen Schaden anrichten. Der Falter hat eine Reihe beigefarbener, rautenförmiger Flecken entlang der Ränder der gefalteten Flügel. Er ist tag- und nachtaktiv und wird von Licht angelockt.

FLÜGELSPANNWEITE *1,2–1,7 cm*
AKTIVITÄT *Tag- und nachtaktiv*
FLUGZEIT *Mai–September*
NAHRUNG DER RAUPE *Kultivierte und wild wachsende Kreuzblütler* (Brassicaceae)
ÄHNLICHE ARTEN *Keine*
VORKOMMEN *Verbreitet und häufig; tritt oft als Schädling auf*

Kleistermotte

Endrosis sarcitrella (Oecophoridae)

VORKOMMEN: *Häuser, Scheunen und Lagerhäuser; manchmal in alten Vogelnestern*

Die Flügeloberseiten dieser Art sind graubraun und stark gefleckt, Kopf und Thorax sind weiß. Diese Art ist verbreitet, man findet sie in Vogelnestern, Häusern und Lagerhäusern, wo Getreide und andere Lebensmittel gelagert werden. Die Falter können zu jeder Jahreszeit im Haus erscheinen, und oft werden sie von Lichtquellen angelockt.

FLÜGELSPANNWEITE *1,3–2 cm*
AKTIVITÄT *Nachtaktiv*
FLUGZEIT *Ganzjährig*
NAHRUNG DER RAUPE *Fast jedes Pflanzenmaterial, Getreide, Holz, Vogelkot und Federn*
ÄHNLICHE ARTEN *Keine*
VORKOMMEN *Verbreitet und häufig*

Eichenwickler

Tortrix viridana (Tortricidae)

Diese Art gehört zu der großen Familie der Wickler, deren Raupen ein Blatt ihrer Nahrungspflanze zu einer Röhre rollen, in der sie leben. Mit ihren grünen Vorder- und Hinterflügeln ist diese Art leicht zu bestimmen. In Eichenwäldern kommt sie oft häufig vor, und die Raupen entlauben oft ganze Bäume.

VORKOMMEN: *Raupe frisst an Eichenblättern; in jedem Mischwald mit Eichenbestand häufig*

FLÜGELSPANNWEITE *1,6–2,4 cm*
AKTIVITÄT *Vorwiegend nachtaktiv*
FLUGZEIT *Juni–August*
NAHRUNG DER RAUPE *Eiche* (Quercus)
ÄHNLICHE ARTEN Earias clorana, *der weiße Hinterflügel hat*
VORKOMMEN *Verbreitet und häufig*

Apfelwickler

Cydia pomonella (Tortricidae)

Die graubraunen Flügel sind an den Spitzen golden und schwarz gefärbt. Die Raupen fressen in Äpfeln oder anderem Obst. In Plantagen können sie große Schäden anrichten. Deshalb werden oft Insektizide oder Pheromon-Fallen eingesetzt, in die Männchen durch weibliche Sexuallockstoffe gelockt und in großer Zahl gefangen werden.

VORKOMMEN: *Überall, wo wilde oder kultivierte Obstbäume wachsen, v.a. in Plantagen und Gärten*

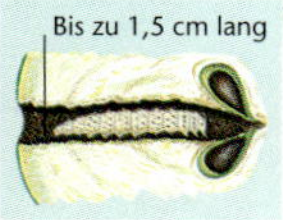

FLÜGELSPANNWEITE *1,4–2,2 cm*
AKTIVITÄT *Nachtaktiv*
FLUGZEIT *Mai–August, manchmal zwei Generationen*
NAHRUNG DER RAUPE *Früchte verschiedener Bäume, wie Apfel* (Malus) *und Birne* (Pyrus)
ÄHNLICHE ARTEN *Keine*
VORKOMMEN *Verbreitet und häufig*

VORKOMEN: *Gärten, Waldland und Parks, wo die Nahrung der Raupe wächst*

Geißblatt-Geistchen

Alucita hexadactyla (Alucitidae)

Jeder Flügel besteht aus sechs verbundenen Fiedern. In der Ruheposition liegen die Fiedern nahe beieinander: Die Flügel wirken fast »normal«. Wenn der Falter sie ausbreitet, sind die einzelnen Fiedern sichtbar. Die Art überwintert, bisweilen fliegt sie in milden Winternächten.

FLÜGELSPANNWEITE *1,4–1,6 cm*
AKTIVITÄT *Nachtaktiv*
FLUGZEIT *Falter erscheinen zu jeder Jahreszeit.*
NAHRUNG DER RAUPE *Heckenkirsche* (Lonicera)
ÄHNLICHE ARTEN *Keine*
VORKOMMEN *Häufig*

VORKOMMEN: *Alle Lebensräume, in denen Brennnesseln wachsen, v.a. feuchtere Waldgebiete, Grünflächen und Gärten*

Brennnessel-Zünsler

Eurrhypara hortulata (Pyralidae)

Er ist einer der attraktivsten und bekanntesten Kleinschmetterlinge und leicht an den schwarz-weißen Flügeln und dem schwarz-gelben Körper zu erkennen. Die Raupe frisst an Brennnesseln, und den Falter schreckt man tagsüber oft aus der Vegetation auf. Aktiv wird er ab dem frühen Abend.

FLÜGELSPANNWEITE *3,3–3,5 cm*
AKTIVITÄT *Nachtaktiv*
FLUGZEIT *Mai–August*
NAHRUNG DER RAUPE *Brennnessel* (Urtica) *und andere Pflanzen*
ÄHNLICHE ARTEN Abraxas grossulariata *(S. 173), der viel größer ist*
VORKOMMEN *Verbreitet und häufig*

Nessel-Zünsler

Pleuroptya ruralis (Pyralidae)

Dies ist einer der größeren Kleinschmetterlinge. Die Flügel schimmern perlrosa, was an das Innere einer Austernschale erinnert. Obwohl der Nesselzünsler vorwiegend nachtaktiv ist und von Lichtquellen angelockt wird, fliegt er manchmal tagsüber von Brennnesseln auf, wenn er gestört wird.

VORKOMMEN: *Gebiete mit Brennnesselbewuchs, wie Gärten, Ödland und feuchteres Waldland*

FLÜGELSPANNWEITE *3,3–3,7 cm*
AKTIVITÄT *Nachtaktiv; tagsüber leicht aufzuscheuchen*
FLUGZEIT *Juni–August*
NAHRUNG DER RAUPE *Große Brennnessel (Urtica dioica)*
ÄHNLICHE ARTEN *Keine*
VORKOMMEN *Verbreitet und häufig*

Hummelmotte

Aphomia sociella (Pyralidae)

In Ruhe rollt sie die rosa-braunen Flügel ein. Die Raupen leben in Bienen- oder Wespennestern, wo sie Waben und Larven fressen. Ein befallenes Nest kann Hunderte von Raupen enthalten, die Röhren aus Seide spinnen und sich später in Kokons verpuppen.

VORKOMMEN: *Alle Lebensräume, wo Bienen oder Wespen nisten, wie Waldland, Gärten und Gebüsche*

FLÜGELSPANNWEITE *2,5–3,8 cm*
AKTIVITÄT *Nachtaktiv*
FLUGZEIT *Juni–August*
NAHRUNG DER RAUPE *Bienenwaben und Bienen- und Wespenlarven; keine pflanzlichen Stoffe*
ÄHNLICHE ARTEN *Keine*
VORKOMMEN *Verbreitet und häufig*

VORKOMMEN: *Grasbewachsene Stellen wie Gärten, Grünstreifen und Hecken, wo die Nahrung der Raupen wächst*

Schlehen-Federgeistchen

Pterophorus pentadactyla (Pterophoridae)

Obwohl die Flügel des einzigen völlig weißen Federgeistchens ähnlich denen des Geißblatt-Geistchens (S. 154) aus einzelnen Fiedern bestehen, sind beide nicht nah verwandt. Die Vorderflügel sind in zwei Fiedern geteilt, die Hinterflügel in drei. Beim Ruhen hält der Falter die Flügel ausgebreitet. Er fliegt vor allem in der Morgen- und Abenddämmerung.

FLÜGELSPANNWEITE *2,6–3,4 cm*
AKTIVITÄT *Nachtaktiv*
FLUGZEIT *Juni–August*
NAHRUNG DER RAUPE *Acker- und Zaunwinde* (Convolvulus *und* Calystegia)
ÄHNLICHE ARTEN *Einige andere Federgeistchen, keine Art ist jedoch völlig weiß.*
VORKOMMEN *Verbreitet und relativ häufig*

VORKOMMEN: *Hecken, Gärten, Wiesen, Gebüsche, Ödland und offenes Waldland*

Silberspinnerchen

Cilix glaucata (Drepanidae)

In Ruhe, wenn die Antennen, der Körper und die Beine unter den gefalteten Flügeln verborgen sind, ähnelt dieser Falter einem Flecken Vogelkot. Die Tarnung ist offenbar sehr effektiv, denn man findet den Falter oft außen an Insektenfallen, wo andere Arten bereits von Vögeln gefressen wurden.

HELLE FORM

FLÜGELSPANNWEITE *2,2–2,7 cm*
AKTIVITÄT *Nachtaktiv*
FLUGZEIT *Mai–August, zwei Generationen*
NAHRUNG DER RAUPE *Weißdorn* (Crataegus), *Gewöhnliche Schlehe* (Prunus spinosa), *gelegentlich andere Bäume und Pflanzen*
ÄHNLICHE ARTEN *Keine*
VORKOMMEN *Verbreitet und häufig*

Heller Sichelflügler

Drepana falcataria (Drepanidae)

Sichelflügler-Arten sind nach der Flügelform benannt. Dieser hat eine filigrane Flügelzeichnung, mit der er wie ein welkes Blatt oder ein Stück Rinde aussieht, wenn er tagsüber ruht. Dabei nimmt er eine typische Haltung ein, bei der die Vorderflügel die Hinterflügel teilweise verdecken, und wirkt dabei fast oval.

VORKOMMEN: *Überall, wo Birken wachsen, die Nahrung der Raupen; Waldland, Heidegebiete, Gärten und Grünflächen*

FLÜGELSPANNWEITE *3,6–4 cm*
AKTIVITÄT *Nachtaktiv*
FLUGZEIT *Mai–August, zwei Generationen*
NAHRUNG DER RAUPE *Birke* (Betula), *manchmal Erle* (Alnus)
ÄHNLICHE ARTEN Drepana curvatula, *der einen kleineren Fleck auf dem Hinterflügel hat*
VORKOMMEN *Lokal häufig*

Roseneule

Thyatira batis (Thyatiridae)

Der Falter hat eine Zeichnung aus großen weißen, rosa- und beigefarbenen Flecken auf Braun. Die junge Raupe sieht aus wie ein Flecken Vogelkot und ruht tagsüber auf Brombeerblättern. Später färbt sie sich bräunlicher, versteckt sich zwischen Falllaub und kommt nur nachts heraus, um zu fressen.

VORKOMMEN: *Waldland mit Brombeeren, auch Gärten und Ödland*

FLÜGELSPANNWEITE *3,9–4,4 cm*
AKTIVITÄT *Nachtaktiv*
FLUGZEIT *Mai–August, manchmal zwei Generationen*
NAHRUNG DER RAUPE *Brombeere* (Rubus fruticosus)
ÄHNLICHE ARTEN *Keine*
VORKOMMEN *Verbreitet und relativ häufig*

VORKOMMEN: *Hügelland, Wiesen, Waldränder und andere blütenreiche Stellen; auch Felsen und Sandhügel*

Gemeines Blutströpfchen

Zygaena filipendulae (Zygaenidae)

Diese tagaktive Art ist an drei Paaren roter Flecken auf den schimmernd grünlich-schwarzen oder blaugrünen Vorderflügeln vom Klee-Widderchen zu unterscheiden. Die Hinterflügel, die im Flug sichtbar sind, sind so rot wie die Flecken auf den Vorderflügeln. Alle Blutströpfchen-Arten haben Zyanide im Körper und warnen mit ihrer Färbung Feinde vor ihrer Giftigkeit. Trotzdem werden sie manchmal von Vögeln gefressen. Eine seltene Farbvariante hat statt der roten gelbe Flecken.

FALTER AUF KOKON

ANMERKUNG

Der zusätzliche rote Punkt, der diese Art vom Klee-Widderchen unterscheidet, sitzt an der Spitze des Vorderflügels und bildet das dritte Paar Punkte.

FLÜGELSPANNWEITE *2,5–4 cm*
FLUGZEIT *Juni–August*
NAHRUNG DER RAUPE *Gewöhnlicher Hornklee* (Lotus corniculatus)
ÄHNLICHE ARTEN Zygaena trifolii *mit nur fünf roten Punkten auf dem Vorderflügel;* Tyria jacobaeae *(S. 180)*
VORKOMMEN *Verbreitet und relativ häufig*

Hornissen-Glasflügler

Sesia apiformis (Sesiidae)

VORKOMMEN: *Gegenden mit alten Pappeln; oft in Gewässernähe oder in feuchten Lebensräumen wie Sümpfen und Flusstälern*

Mit ihren durchsichtigen Flügeln, dem gelb-schwarz gestreiften Hinterleib und den verdickten Antennen ähnelt diese Art einer Hornisse oder großen Wespe. Wie alle Glasflügler fliegt auch dieser tagsüber, vor allem bei Sonnenschein, ist jedoch selten zu sehen. Die Raupen leben zwei, manchmal drei Jahre, bevor sie sich verpuppen. Dies hängt wahrscheinlich mit dem geringen Nährwert des Holzes zusammen, das sie fressen.

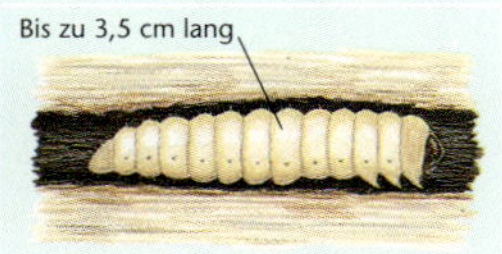

ANMERKUNG

Obwohl der Hornissen-Glasflügler einer Hornisse oder großen Wespe ähnelt, hat er den für einen Schmetterling typischen behaarten Hinterleib. Die Insekten, die er nachahmt, haben ein glattes Abdomen.

FLÜGELSPANNWEITE *3,4–5cm*
FLUGZEIT *Juli–August*
NAHRUNG DER RAUPE *Stamm und Wurzeln der Schwarz-Pappel* (Populus nigra); *gelegentlich andere Pappel-Arten* (Populus)
ÄHNLICHE ARTEN Sesia bembiciformis *hat keine gelben Thorax-Seiten.*
VORKOMMEN *In Europa weit verbreitet, aber lokal; im Süden der Region häufiger*

Rotgebänderter Blütenspanner

Gymnoscelis rufifasciata (Geometridae)

VORKOMMEN: *Offenes Waldland, Gärten, Grünflächen, Ödland und Hecken*

Spanner sind schwierig zu bestimmen, da sie meist klein und mattbraun sind und kaum typische Merkmale besitzen. Dies ist eine der besser erkennbaren Arten mit relativ spitzen Flügeln und zwei dunklen, gewellten Linien auf den Vorderflügeln. Der Falter trinkt an Blüten und wird von Licht angelockt.

FLÜGELSPANNWEITE *1,5–1,9 cm*
AKTIVITÄT *Nachtaktiv*
FLUGZEIT *April–August, zwei Generationen*
NAHRUNG DER RAUPE *Blüten von Stechpalme* (Ilex), *Stechginster* (Ulex), *Glockenheide* (Erica) *und Heidekraut* (Calluna)
ÄHNLICHE ARTEN *Viele andere Spanner*
VORKOMMEN *Verbreitet und relativ häufig*

Fingerhut-Blütenspanner

Eupithecia pulchellata (Geometridae)

VORKOMMEN: *Stellen, wo Fingerhut wächst, wie Gärten, Waldland, Moore und Kiesstrände*

Diese Art ist einer der charakteristischsten Spanner: Er hat beige-rötliche Vorderflügel mit hell- und dunkelbraunen Bändern. Bei manchen Exemplaren ist das Beige heller, aber auch sie haben helle und dunkle Bänder. Wie die meisten Spanner wird diese Art von Licht angelockt.

FLÜGELSPANNWEITE *1,8–2,2 cm*
AKTIVITÄT *Nachtaktiv*
FLUGZEIT *Mai–Juni*
NAHRUNG DER RAUPE *Roter Fingerhut* (Digitalis purpurea)
ÄHNLICHE ARTEN Eupithecia linariata, *der ein dunkleres Band auf dem Vorderflügel trägt*
VORKOMMEN *Lokal häufig*

Obstbaum-Blütenspanner

Pasiphila rectangulata (Geometridae)

VORKOMMEN: *Obstplantagen und sonstige Plätze, wo Obstbäume wachsen, wie Gärten, Waldränder und Grünflächen*

Wenn sie frisch geschlüpft ist, hat diese Art charakteristisch grün gefärbte Flügel. Die Farbe verblasst jedoch bald. Manche Falter sind dunkler, einige sogar fast schwarz. Die Art wird stark von Licht angelockt, und man findet sie oft an erleuchteten Fenstern oder in Insektenfallen.

FLÜGELSPANNWEITE *1,7–2,1 cm*
AKTIVITÄT *Nachtaktiv*
FLUGZEIT *Juni–Juli*
NAHRUNG DER RAUPE *Obstbaumblüten*
ÄHNLICHE ARTEN Chloroclystis v-ata *mit schwarzem »V« auf dem Vorderflügel;* Pasiphila chloerata *ist weniger grün.*
VORKOMMEN *Verbreitet und häufig*

Weißer Blütenspanner

Eupithecia centaureata (Geometridae)

VORKOMMEN: *Parks, Gärten, Ödland, Grünflächen und offenes Waldland*

Er ist größtenteils weiß mit dunkler Zeichnung und ähnelt so einem Flecken Vogelkot. Deshalb wird er selten von Vögeln gefressen. Er ruht mit im rechten Winkel zum Körper ausgebreiteten Flügeln, die Hinterflügel sind fast ganz von den Vorderflügeln verdeckt.

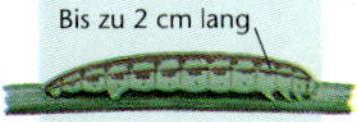

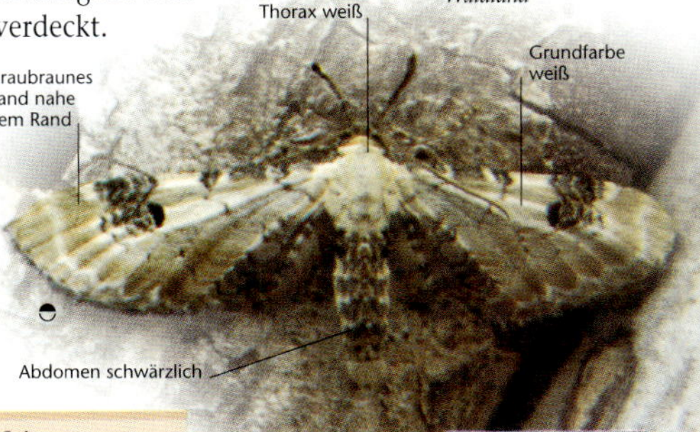

FLÜGELSPANNWEITE *2–2,4 cm*
AKTIVITÄT *Nachtaktiv*
FLUGZEIT *April–September, meist zwei Generationen*
NAHRUNG DER RAUPE *Verschiedene Blütenpflanzen, einschließlich Greiskraut* (Senecio)
ÄHNLICHE ARTEN *Keine*
VORKOMMEN *Verbreitet und meist häufig*

VORKOMMEN: *Unterschiedliche Lebensräume wie Blumenwiesen, Heidegebiete, Grünflächen und offenes Waldland*

Klee-Gitterspanner

Chiasmia clathrata (Geometridae)

Die Art könnte man leicht mit dem Malven-Würfeldickkopffalter (S. 112) verwechseln, der in ähnlichen Lebensräumen vorkommt. Bei genauer Betrachtung erkennt man jedoch, dass der Klee-Gitterspanner bräunlicher ist. Die Art ist variabel, manche Falter sind heller oder dunkler als die typische Form. Die Grundfärbung variiert zwischen gelbbraun und weißlich. Die Art fliegt bei Sonnenschein, aber auch nachts. Die Weibchen sind meist etwas kleiner als die Männchen.

ANMERKUNG

Obwohl der Klee-Gitterspanner dem Malven-Würfeldickkopffalter (S. 112) ähnelt, sind die Flügel hell und tragen ein Netz aus dunklen Linien, während die des Tagfalters schwarz mit kleinen weißen Rechtecken sind.

FLÜGELSPANNWEITE *2,6–3,2 cm*
FLUGZEIT *Mai–September, zwei Generationen*
NAHRUNG DER RAUPE *Verschiedene Klee- und Hornklee-Arten* (Trifolium/Lotus); *auch Luzerne* (Medicago sativa)
ÄHNLICHE ARTEN Pyrgus malvae *(S. 112)*, Erynnis tages *(S. 120)*; Ematurga atomaria, *der ein weniger deutliches Flügelmuster in Dunkelbraun und Beige hat*
VORKOMMEN *Verbreitet und lokal häufig*

Gelber Rosen-Bindenspanner

Cidaria fulvata (Geometridae)

Der kleine, leuchtend gefärbte Spanner ruht mit nach hinten gewinkelten Flügeln und angehobenem Abdomen. Er fliegt meist in der Abenddämmerung. Man kann dann beobachten, wie er um Pflanzen herumflattert. Manche Falter fliegen auch nachts und werden vom Licht angelockt.

VORKOMMEN: *Gärten, Hecken und andere Gegenden mit Gebüschen, auch Wiesen und offenes Waldland*

FLÜGELSPANNWEITE *2,5–3 cm*
FLUGZEIT *Juni–August*
NAHRUNG DER RAUPE *Wilde und kultivierte Rosen* (Rosa)
ÄHNLICHE ARTEN Camptogramma bilineata *(S. 166)*; Eulithis mellinata *(S. 167)*; Opisthograptis luteolata *(S. 167)*
VORKOMMEN *Lokal häufig*

Prachtgrüner Bindenspanner

Colostygia pectinataria (Geometridae)

Der anfangs moosgrüne Falter bleicht in wenigen Tagen aus. Ältere Falter sind fast weiß. Von drei dunklen Dreiecken am Vorderrand des Vorderflügels gehen gewellte Linien aus. Er ruht mit nach hinten gewinkelten Vorderflügeln.

VORKOMMEN: *Hecken, Gärten, Grünflächen, Heidegebiete, offenes Waldland*

FRISCH GESCHLÜPFTER FALTER

ÄLTERER FALTER

FLÜGELSPANNWEITE *2,5–2,9 cm*
FLUGZEIT *Mai–Juli*
NAHRUNG DER RAUPE *Labkraut* (Galium)
ÄHNLICHE ARTEN *Keine; der Falter ist der einzige seines Typs in der sehr ausgedehnten Verbreitungsregion*
VORKOMMEN *Verbreitet und häufig*

Garten-Blattspanner

Xanthorhoe fluctuata (Geometridae)

Die Art ist häufig, sogar an Stadträndern. Oft sieht man sie am Tag auf Mauern, Bäumen oder Zäunen. Sie fliegt in der Abenddämmerung und kann von anderen kleinen Spanner-Arten an dunklen Flecken auf den Vorderflügeln unterschieden werden, die den halben Flügel bedecken.

VORKOMMEN: *Blütenreiche Lebensräume wie Gärten, Grünflächen, Ödland und Hecken*

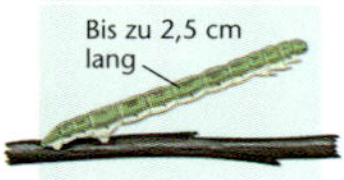

FLÜGELSPANNWEITE *2,7–3,1 cm*
AKTIVITÄT *Nachtaktiv*
FLUGZEIT *April–Oktober*
NAHRUNG DER RAUPE *Verschiedene Kreuzblütler* (Brassicaceae)
ÄHNLICHE ARTEN Epirrhoe alternata, *der ein dunkles Band über die Vorderflügel trägt*
VORKOMMEN *Verbreitet und häufig*

Großer Speerspanner

Rheumaptera hastata (Geometridae)

Der tagaktive Falter hat eine auffallende schwarzweiße Flügelzeichnung. Er kommt eher im Norden vor. Am häufigsten findet man ihn in Moorgebieten, wo er sich von Heidelbeerpflanzen ernährt. Wie die meisten tagaktiven Arten fliegt der Falter bei warmem, sonnigen Wetter.

VORKOMMEN: *Offene Birkenwälder und nördliche Moorgebiete, wo die Nahrung der Raupen wächst*

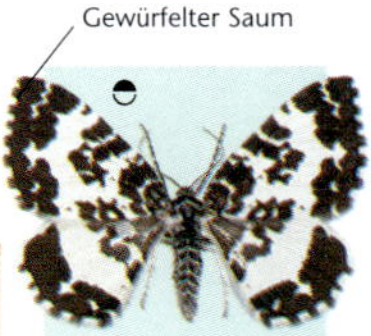

FLÜGELSPANNWEITE *3,4–3,8 cm*
AKTIVITÄT *Tagaktiv*
FLUGZEIT *Mai–Juni*
NAHRUNG DER RAUPE *Heidelbeere* (Vaccinium myrtillus), *Birke* (Betula)
ÄHNLICHE ARTEN Epirrhoe tristata, *der kleiner ist*
VORKOMMEN *Verbreitet, aber lokal*

Kleiner Frostspanner

Operophtera brumata (Geometridae)

Wie bei anderen Spannern fliegen nur Männchen. Die Weibchen sind fast flügellos und ähneln Spinnen. Nach Einbruch der Dunkelheit sieht man beide Geschlechter oft auf Baumstämmen sitzen.

Die Männchen fliegen in milden Nächten oft gegen erleuchtete Fenster.

VORKOMMEN: *Überall, wo Laubbäume und Sträucher wachsen. Die Art kann in Obstgärten ernsthafte Schäden anrichten.*

FLÜGELSPANNWEITE *2,8–3,3 cm*
AKTIVITÄT *Nachtaktiv*
FLUGZEIT *November–Februar*
NAHRUNG DER RAUPE *Eiche* (Quercus), *Birke* (Betula), *Weide* (Salix), *Apfel* (Malus)
ÄHNLICHE ARTEN Operophtera fagata, *der größer und heller ist*
VORKOMMEN *Verbreitet und häufig*

Schwarzer Spanner

Odezia atrata (Geometridae)

Auf den rußschwarzen Flügeln erkennt man bei näherem Hinsehen die schmalen weißen Säume an den Vorderflügelspitzen. Ältere Falter verblassen zu Mattbraun. Die tagaktive Art fliegt vor allem bei Sonne. Auf Feuchtwiesen sieht man sie oft in großer Zahl.

VORKOMMEN: *Feuchte Wiesen, Kalkböden, Waldränder, wenn dort die Nahrung der Raupen wächst*

FLÜGELSPANNWEITE *2,7–3 cm*
AKTIVITÄT *Tagaktiv*
FLUGZEIT *Juni–Juli*
NAHRUNG DER RAUPE *Französische Erdkastanie* (Conopodium majus) *und andere Doldenblütler*
ÄHNLICHE ARTEN *Keine*
VORKOMMEN *Lokal häufig*

Ockergelber Blattspanner

Camptogramma bilineata (Geometridae)

VORKOMMEN: *Waldland, Gärten, Hecken, Heidegebiete und Grünflächen*

Dieser Spanner ist sehr variabel in der Färbung. Die häufigste Form ist größtenteils gelb, es treten aber auch dunklere Varianten auf, vor allem im Norden des Verbreitungsgebietes. Der Falter fliegt ab der Abenddämmerung. Oft stört man ihn jedoch auch tagsüber von seinem Ruheplatz auf.

FLÜGELSPANNWEITE *2,8–3,2 cm*
FLUGZEIT *Juni–August*
NAHRUNG DER RAUPE *Ampfer* (Rumex), *Sternmiere* (Stellaria) *und Gräser*
ÄHNLICHE ARTEN Eulithis mellinata *(rechts)*, Opisthograptis luteolata *(rechts)*, Cidaria fulvata *(S. 163)*
VORKOMMEN *Verbreitet und häufig*

Pantherspanner

Pseudopanthera macularia (Geometridae)

VORKOMMEN: *Offenes Waldland und Gebüsche, sowohl im Tiefland als auch in Gebirgsregionen*

Diese attraktive tagaktive Art hat eine variable Grundfarbe: Manche Exemplare sind gelb, andere creme- oder fast rein weiß. Der Falter bevorzugt wärmeres Klima und ist im Süden des Verbreitungsgebietes häufiger. Er kommt aber auch in Gebirgsregionen vor.

FLÜGELSPANNWEITE *2,8–3 cm*
FLUGZEIT *April–Juli*
NAHRUNG DER RAUPE *Salbei-Gamander* (Teucrium scorodonia), *Taubnessel* (Lamium), *Ziest* (Stachys)
ÄHNLICHE ARTEN *Keine*
VORKOMMEN *Verbreitet und lokal relativ häufig*

Honiggelber Haarbüschelspanner

Eulithis mellinata (Geometridae)

Dieser Spanner hat eine ungewöhnliche Ruhehaltung. Er hält die Flügel im rechten Winkel zum Körper abgespreizt, die Hinterflügel sind dabei fast völlig unter den Vorderflügeln verborgen. Anderen Haarbüschelspannern fehlt der gewürfelte Flügelsaum.

VORKOMMEN: *Alle Lebensräume, wo Johannisbeeren wachsen, wie Gärten und offenes Waldland*

FLÜGELSPANNWEITE *3,3–3,8 cm*
FLUGZEIT *Juni–August*
NAHRUNG DER RAUPE *Schwarze* (Ribes nigrum) *und Rote Johannisbeere* (R. rubrum)
ÄHNLICHE ARTEN Camptogramma bilineata *(links);* Cidaria fulvata *(S. 163);* Eulithis pyraliata, E. populata, *ohne gewürfelte Säume*
VORKOMMEN *Verbreitet und häufig*

Weißdorn-Spanner

Opisthograptis luteolata (Geometridae)

Er fliegt auch tagsüber und kann für einen Tagfalter gehalten werden. Meist ist er ab der Abenddämmerung aktiv und kommt oft an erleuchtete Fenster. Er hat für gewöhnlich einige rotbraune Flecken entlang der Vorderränder der Vorderflügel, manchmal kommen aber auch einfarbig gelbe Tiere vor.

VORKOMMEN: *Hecken, Gärten, Gebüsche und offenes Waldland*

FLÜGELSPANNWEITE *3,3–4,6 cm*
FLUGZEIT *April–Oktober, zwei oder drei Gen.*
NAHRUNG DER RAUPE *Bäume und Sträucher wie Weißdorn* (Crataegus) *und Gewöhnliche Schlehe* (Prunus spinosa)
ÄHNLICHE ARTEN Camptogramma bilineata *(links)*
VORKOMMEN *Verbreitet und häufig*

Spanner

Timandra comai (Geometridae)

VORKOMMEN: *Unterschiedliche Lebensräume wie Ödland, Grünflächen, Gärten, Feldraine und Wiesen*

Dieser Spanner ist mit Spitzen an Vorder- und Hinterflügeln sehr elegant. Wenn er ruht, bilden die roten Linien auf Vorder- und Hinterflügeln einen durchgehenden Streifen. Die Geschlechter sind ähnlich, das Männchen hat jedoch gefiederte Antennen.

DUNKLE FORM

FLÜGELSPANNWEITE *3–3,5 cm*
AKTIVITÄT *Nachtaktiv*
FLUGZEIT *Mai–September*
NAHRUNG DER RAUPE *Verschiedene niedrigwüchsige Pflanzen wie Ampfer* (Rumex)
ÄHNLICHE ARTEN Scopula imitaria, *der kleiner und dunkler ist*
VORKOMMEN *Verbreitet und relativ häufig*

Doppellinien-Zwergspanner

Idaea aversata (Geometridae)

VORKOMMEN: *Gärten, Grünflächen und Ödland mit niedrigen Kräutern*

Dieser Falter tritt in zwei Formen auf: Eine trägt ein dunkles Band über die Flügel, die andere ist ungebändert. Beide sind gleich häufig. Diesen Spanner stört man im Sommer häufig von seinem Ruheplatz auf. Normalerweise ist er aber nachtaktiv und wird von Licht angelockt.

NICHT GEBÄNDERTE FORM

HELLE, NICHT GEBÄNDERTE FORM

GEBÄNDERTE FORM

FLÜGELSPANNWEITE *3–3,5 cm*
AKTIVITÄT *Nachtaktiv*
FLUGZEIT *Juni–September*
NAHRUNG DER RAUPE *Kuhblume bzw. Löwenzahn* (Taraxacum), *Knöterich* (Polygonum), *Sternmiere* (Stellaria)
ÄHNLICHE ARTEN Idaea straminata
VORKOMMEN *Verbreitet und häufig*

Wellenspanner

Rheumaptera undulata (Geometridae)

Dies ist einer der attraktivsten Spanner. Seine Flügel tragen ein filigranes Muster heller und dunkler Zickzack-Linien. Wie viele Mitglieder der Familie ruht er mit nach hinten gewinkelten Flügeln; die Vorderflügel verdecken die Hinterflügel. Er fliegt nachts und wird von Licht angelockt.

VORKOMMEN: *Offenes Waldland, v.a. mit Unterwuchs aus Heidelbeeren; auch feuchte Gebiete wie Sümpfe*

FLÜGELSPANNWEITE *3,2–4 cm*
AKTIVITÄT *Nachtaktiv*
FLUGZEIT *Mai–August*
NAHRUNG DER RAUPE *Weide* (Salix), *Zitter-Pappel* (Populus tremula), *Heidelbeere* (Vaccinium myrtilus)
ÄHNLICHE ARTEN *Keine*
VORKOMMEN *Lokal relativ häufig*

Großer Frostspanner

Erannis defoliaria (Geometridae)

Die sehr variable Farbe reicht von hellbeige mit braunen Bändern bis dunkelbraun. Das Weibchen ist flügellos. Nach Einbruch der Dunkelheit kann man es auf Baumstämmen sitzen sehen. Die Falter erscheinen im Spätherbst und fliegen in milden Nächten bis Jahresende.

VORKOMMEN: *Laubwälder, Hecken und Obstgärten, wo die Raupen Schaden anrichten können*

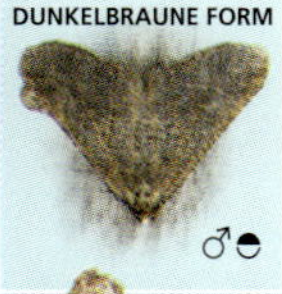

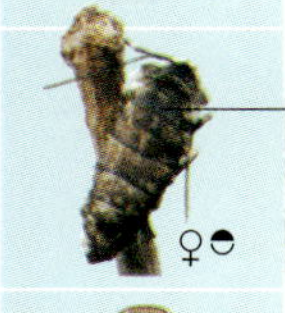

FLÜGELSPANNWEITE *4–4,5 cm*
AKTIVITÄT *Nachtaktiv*
FLUGZEIT *September–Dezember*
NAHRUNG DER RAUPE *Eiche* (Quercus), *Birke* (Betula), *Weißdorn* (Crataegus)
ÄHNLICHE ARTEN Agriopis marginaria, *der Punkte entlang des Vorderrandes hat*
VORKOMMEN *Verbreitet und häufig*

Großes Jungfernkind

Archiearis parthenias (Geometridae)

VORKOMMEN: *Gegenden mit Birkenbestand, wie Heidegebiete und offener Wald*

Man kann es an sonnigen Tagen im zeitigen Frühjahr um Birken fliegen sehen, jedoch selten deutlich, denn meist fliegt es in großer Höhe um die Kronen. Manchmal trinkt es an Pfützen. In Ruhe sind die leuchtend orangefarbenen Hinterflügel unter gefleckten braunen Vorderflügeln verborgen. Es ist nicht mit der nachtaktiven Hausmutter zu verwechseln, die später im Jahr fliegt.

ANMERKUNG

Das Große Jungfernkind fliegt meist in großer Höhe um die Spitzen von Birken. Da es tagaktiv ist, kann man es dennoch an seinen leuchtend orangefarbenen Hinterflügeln erkennen, die im Flug sichtbar sind.

FLÜGELSPANNWEITE *3,5–4 cm*
AKTIVITÄT *Tagaktiv*
FLUGZEIT *März–April*
NAHRUNG DER RAUPE *Birke* (Betula)
ÄHNLICHE ARTEN Archiearis notha, *der etwas kleiner ist und weniger Orange auf den Hinterflügeln hat*
VORKOMMEN *Verbreitet und lokal häufig*

Kreuzflügel

Alsophila aescularia (Geometridae)

In Ruhe sieht er nicht wie ein typischer Spanner aus, denn er hält die spitzen Flügel nahe beieinander, ein Vorderflügel überlappt den anderen. Die feine grau-braune Zeichnung durchzieht auf den Vorderflügeln eine weißliche Zickzack-Linie. Das Weibchen ist flügellos.

VORKOMMEN: *Die Raupen fressen an vielen Baum- und Straucharten in Wäldern, Hecken und Gärten, wo sie Schaden anrichten können*

FLÜGELSPANNWEITE *3,4–4 cm*
AKTIVITÄT *Nachtaktiv*
FLUGZEIT *März–April*
NAHRUNG DER RAUPE *Eiche* (Quercus), *Birke* (Betula), *Weißdorn* (Crataegus) *und andere Laubbäume*
ÄHNLICHE ARTEN *Keine*
VORKOMMEN *Verbreitet und häufig*

Brandstriemen-Spanner

Plagodis dolabraria (Geometridae)

Die Flügel sehen aus, als wären sie von einer Flamme versengt worden. Diese fein braun schattierte Flügelzeichnung ist eine gute Tarnung, wenn der Falter tagsüber auf einem Baumstamm ruht. Männchen fliegen zum Licht.

VORKOMMEN: *Laub- oder Mischwald, v.a. offene Wälder, Waldränder und Lichtungen*

FLÜGELSPANNWEITE *3,4–4 cm*
AKTIVITÄT *Nachtaktiv*
FLUGZEIT *Mai–Juni*
NAHRUNG DER RAUPE *Verschiedene Laubbäume, z.B. Eiche* (Quercus), *Birke* (Betula), *Weide* (Salix)
ÄHNLICHE ARTEN *Keine*
VORKOMMEN *Relativ häufig*

Kiefernspanner

Bupalus piniaria (Geometridae)

VORKOMMEN: *Natürliche Kiefernwälder und Kiefernpflanzungen; manchmal auch an anderen Nadelbäumen*

In Ruhe legt er die Flügel über dem Rücken aneinander wie ein Tagfalter, deshalb ist er schwierig zu erkennen, wenn man ihn mit genadelten Exemplaren vergleicht. Es gibt jedoch keine ähnlichen Arten, deshalb kann man den Kiefernspanner auch nur anhand der Zeichnung der Unterseiten bestimmen. Beim Männchen variiert die Grundfarbe der Vorderflügel von gelblich im Süden zu weiß im Norden, die Weibchen sind im Norden dunkler. Die Raupen richten in Kiefernforsten Schaden an.

NÖRDLICHE FORM

ANMERKUNG

Keine andere tagaktive Art, die die Flügel in Ruhe über dem Rücken aneinanderlegt, hat ähnliche gelbliche und weiße Flecken auf den Unterseiten.

FLÜGELSPANNWEITE *3,5–4 cm*
AKTIVITÄT *Tag- und nachtaktiv*
FLUGZEIT *Mai–Juni*
NAHRUNG DER RAUPE *Kiefer* (Pinus)
ÄHNLICHE ARTEN *Keine; die hellen Flecken auf den Unterseiten sind einzigartig.*
VORKOMMEN *Verbreitet und häufig; richtet in Kiefernforsten Schaden an*

Stachelbeerspanner

Abraxas grossulariata (Geometridae)

Einige Formen dieser variablen Art haben schwarze Flecken, manche sind fast ganz schwarz. Die Abweichungen sind auf Züchtungen zurückzuführen und kommen in der Natur selten vor. Die kräftige Flügelzeichnung soll Feinde warnen, dass die Art ungenießbar ist. Die Raupe hat eine ähnliche Zeichnung mit schwarzen Flecken auf weißem Grund und rötlichen Streifen an den Seiten. An Johannisbeer- und Stachelbeerbüschen kann sie Schaden anrichten.

VORKOMMEN: *Gärten mit Stachelbeer- und Johannisbeerbüschen; auch Hecken und offene Laubwälder*

ANMERKUNG

Die Raupe des Stachelbeerspanners ist in der Färbung ebenso variabel wie der Falter. Die meisten Tiere sind weißlich mit schwarzen Flecken, manche sind aber dunkler oder sogar völlig schwarz.

FLÜGELSPANNWEITE *4,2–4,8 cm*
AKTIVITÄT *Nachtaktiv (gelegentlich tagaktiv)*
FLUGZEIT *Juli–August*
NAHRUNG DER RAUPE *Johannisbeere* (Ribes rubrum), *Stachelbeere* (Ribes uva-crispa), *Gewöhnliche Schlehe* (Prunus spinosa), *Gewöhnliche Hasel* (Corylus avellana)
ÄHNLICHE ARTEN Eurrhypara hortulata *(S. 154), der viel kleiner ist*
VORKOMMEN *Verbreitet und häufig*

Kirschenspanner

VORKOMMEN: *Die Raupe frisst an fast allen Laubbäumen in unterschiedlichen Lebensräumen wie Obstgärten, Wäldern, Parks und Gärten*

Lycia hirtaria (Geometridae)

Der variable Falter mit behaartem Thorax und Abdomen ist durch seine feine beigefarbene, braune und graue Zeichnung hervorragend getarnt, wenn er tagsüber auf einem Baumstamm ruht. Das Männchen ist hell gelbbraun mit schwarzen Linien und Mustern, das Weibchen hat meist düster graubraune Flügel, doch sind manche Männchen, die an gefiederten Antennen zu erkennen sind, fast schwarz. Die Raupe, die Laubbaumblätter frisst, richtet in Obstgärten Schäden an.

ANMERKUNG

Den Kirschenspanner kann man tagsüber auf Baumstämmen sitzen sehen. Man muss jedoch genau hinsehen, um ihn auf der dunklen Rinde zu erkennen, denn er ist hervorragend getarnt. Er ruht auch auf Mauern und Zäunen.

FLÜGELSPANNWEITE *4,2–5,2 cm*
AKTIVITÄT *Nachtaktiv*
FLUGZEIT *März–Mai*
NAHRUNG DER RAUPE *Verschiedene Bäume und Sträucher wie Weide* (Salix), *Birke* (Betula), *Linde* (Tilia), *Weißdorn* (Crataegus) *und Erle* (Alnus)
ÄHNLICHE ARTEN Biston betularia *(S. 176);* Apocheima pilosaria, *der heller gefärbt ist und früher im Jahr fliegt*
VORKOMMEN *Verbreitet und häufig*

Mondfleck-Spanner

Selenia tetralunaria (Geometridae)

VORKOMMEN: *Laubwälder, auch Parks, Gärten und Grünflächen*

Die mit angehobenen Flügeln ruhende Art wird dadurch unterschieden, dass sie die Flügel halb geöffnet über dem Rücken hält. Sie erscheint in zwei, manchmal drei Generationen im Jahr. Die späteren sind kleiner und dunkler als die Frühjahrsgeneration.

FLÜGELSPANNWEITE *4,5–5,2 cm*
AKTIVITÄT *Nachtaktiv*
FLUGZEIT *April–August*
NAHRUNG DER RAUPE *Eiche* (Quercus), *Birke* (Betula), *Erle* (Alnus)
ÄHNLICHE ARTEN Selenia dentaria, *der heller ist*
VORKOMMEN *Verbreitet und relativ häufig*

Silberblatt

Campaea margaritata (Geometridae)

VORKOMMEN: *Gärten, Parks, Waldland, Hecken und Wiesen*

Die anfangs grüne Färbung des Silberblattes verblasst bald fast zu weiß. Trotzdem sind die beiden grünlich braunen Linien mit weißem Rand meist sichtbar. So ist der Falter einfach zu bestimmen. Der frisch geschlüpfte Falter hat rotbraune Flügelspitzen. Weibchen sind größer als Männchen.

ÄLTERER FALTER

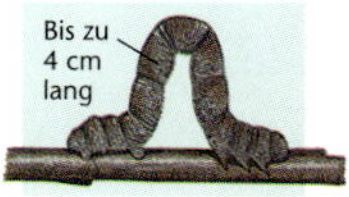

FLÜGELSPANNWEITE *4–5,5 cm*
AKTIVITÄT *Nachtaktiv*
FLUGZEIT *Juli–September*
NAHRUNG DER RAUPE *Eiche* (Quercus), *Birke* (Betula), *Buche* (Fagus), *Weißdorn* (Crataegus)
ÄHNLICHE ARTEN G. papilionaria *(S. 177)*
VORKOMMEN *Verbreitet und häufig*

VORKOMMEN: *Waldland, Gärten, Parks, Hecken und Grünflächen mit Bäumen, an denen die Raupen fressen*

Birkenspanner

Biston betularia (Geometridae)

Er tritt in drei Formen auf. In industrialisierten Gegenden, wo die Baumstämme oft rußgeschwärzt sind, ist die helle Form für Vögel leicht zu erkennen und wird dadurch öfter gefressen. Die dunkleren Formen sind besser getarnt. Deshalb überleben in diesen Gegenden mehr dunkle Falter und geben ihre Gene an den Nachwuchs weiter. Neuere Studien zeigen außerdem, dass dort, wo die Luftverschmutzung in den letzten Jahren abnahm, die hellere Form wieder häufiger wurde. Beide Geschlechter fliegen nachts und werden von Licht angezogen.

ANMERKUNG

Die drei Formen unterscheiden sich genetisch. Die mittlere Form geht nicht aus der Kreuzung der dunklen mit der hellen Form hervor. Alle drei Formen können im selben Gebiet vorkommen, meist ist jedoch eine die häufigste. Die mittlere Form kommt meistens in der geringsten Zahl vor.

FLÜGELSPANNWEITE *4,5–6 cm*
FLUGZEIT *Mai–August*
NAHRUNG DER RAUPE *Bäume einschließlich Weide* (Salix), *Birke* (Betula), *Linde* (Tilia) *und Weißdorn* (Crataegus)
ÄHNLICHE ARTEN Lycia hirtaria *(S. 174), der eher beige und braun ist*
VORKOMMEN *Verbreitet und häufig*

VORKOMMEN: *Waldland, Gärten, Parks, Hecken und Grünflächen*

Nacht-Schwalbenschwanz

Ourapteryx sambucaria (Geometridae)

Der hellgelbe Falter mit der typischen Flügelform wird kaum mit anderen europäischen Arten verwechselt. Die Hinterflügel tragen Anhänge, die an den Schwalbenschwanz (S. 53) erinnern, die Vorderflügel sind sehr spitz. Oft sitzt er nach Einbruch der Dunkelheit an hellen Fenstern.

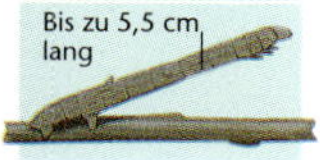

FLÜGELSPANNWEITE *5–6,2 cm*
FLUGZEIT *Juni–Juli*
NAHRUNG DER RAUPE *Verschiedene Bäume und andere Pflanzen, einschließlich Weißdorn* (Crataegus), *Gewöhnlicher Efeu* (Hedera helix) *und Liguster* (Ligustrum)
ÄHNLICHE ARTEN *Keine*
VORKOMMEN *Relativ häufig*

VORKOMMEN: *Gegenden mit Birkenbestand, wie Heidegebiete und offenes Waldland*

Grünes Blatt

Geometra papilionaria (Geometridae)

Die Flügel und der Körper sind leuchtend grün mit feiner weißer Zeichnung, wenn der Falter frisch geschlüpft ist. Wie bei allen grünen Nachtfaltern verblasst die Farbe aber schnell. Der Falter fliegt spät in der Nacht und wird von Licht angelockt.

FLÜGELSPANNWEITE *5–6,5 cm*
FLUGZEIT *Juni–August*
NAHRUNG DER RAUPE *Birke* (Betula), *gelegentlich andere Bäume*
ÄHNLICHE ARTEN Campaea margaritata *(S. 175) hat eine zartgrüne Grundfarbe und zwei bräunliche Linien auf den Flügeln.*
VORKOMMEN *Verbreitet und relativ häufig*

Goldafter

Euproctis similis (Lymantriidae)

VORKOMMEN: *Hecken, Gebüsche und andere Gebiete mit buschiger Vegetation, wo die Nahrungspflanzen der Raupen wachsen*

Er hat in allen Stadien seines Lebenszyklus chemische Stoffe im Körper, die bei manchen heftige allergische Reaktionen auslösen können. Gerade die Raupen sollte man deshalb nicht anfassen. Wenn er gestört wird, legt sich der Falter auf die Seite. Dabei schaut die gelbe Spitze seines Hinterleibs unter dem Flügelrand hervor. Die Männchen haben kleine dunkle Flecken auf den Vorderflügeln, die der Weibchen sind reinweiß.

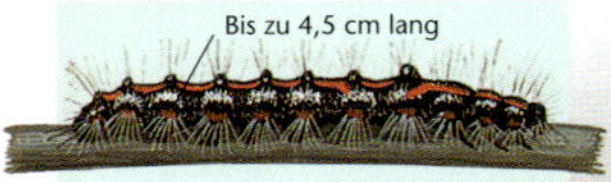

ANMERKUNG

Wie einige andere Arten der Familie der Lymantriidae *bedeckt das Weibchen des Goldafters die Eier mit den gelben Haaren seiner Hinterleibsspitze, die Reizungen hervorrufen, um das Gelege zu schützen.*

FLÜGELSPANNWEITE *3,5–4,5 cm*
FLUGZEIT *Juli–August*
NAHRUNG DER RAUPE *Weißdorn* (Crataegus), *Gewöhnliche Schlehe* (Prunus spinosa), *Weide* (Salix) *und andere Bäume und Sträucher*
ÄHNLICHE ARTEN Euproctis chrysorrhoea, *der eine dunkelbraune Abdomenspitze hat;* Leucoma salicis, *der reinweiße Flügel und keine farbige Abdomenspitze hat*
VORKOMMEN *Verbreitet und im allgemeinen häufig*

Grauleib-Flechtenbärchen

Eilema lurideola (Arctiidae)

Es faltet die schmalen Vorderflügel flach über dem Rücken, wenn es ruht. Im Flug (ab Einbruch der Dunkelheit) erscheint es mit seinen breiten gelben Hinterflügeln viel größer. Man kann es dann an Disteln und Waldreben Nektar trinken sehen. Wie die meisten Arten der Familie fressen die Raupen an Flechten.

VORKOMMEN: *Hecken, Gärten, offenes Waldland, wo flechtenbewachsene Bäume stehen, an denen die Raupen fressen*

FLÜGELSPANNWEITE *3,1–3,8 cm*
FLUGZEIT *Juli–August*
NAHRUNG DER RAUPE *Flechten, die an Bäumen, Mauern, Zäunen und Steinen wachsen*
ÄHNLICHE ARTEN Eilema complana, *der mit um den Körper gerollten Flügeln ruht*
VORKOMMEN *Verbreitet und häufig*

Zimtbär

Phragmatobia fuliginosa (Arctiidae)

Dies ist eine der kleineren Arten der Familie. Sie hat einfarbig rotbraune Vorderflügel mit zwei kleinen schwarzen Flecken. Die Hinterflügel variieren von orangerot mit dunklen Flecken zu schwarz. Der Zimtbär fliegt nachts, an sonnigen Tagen manchmal auch tagsüber.

VORKOMMEN: *Ödland, Gärten, Grünflächen, Heide- und Moorgebiete*

FLÜGELSPANNWEITE *2,8–3,8 cm*
FLUGZEIT *April–September, zwei Generationen*
NAHRUNG DER RAUPE *Verschiedene Pflanzen einschließlich Ampfer* (Rumex), *Kuhblume bzw. Löwenzahn* (Taraxacum)
ÄHNLICHE ARTEN *Keine*
VORKOMMEN *Verbreitet und häufig*

Weiße Tigermotte

VORKOMMEN: *In vielen unterschiedlichen Lebensräumen, da die Raupen an verschiedensten Pflanzenarten fressen*

Spilosoma lubricipeda (Arctiidae)

Typische Exemplare haben kleine schwarze, gleichmäßig verteilte Flecken auf den Vorderflügeln, bei manchen sind die Flecken auch größer. Gelegentlich kommen Variationen mit viel mehr Schwarz vor, und die Punkte sind zu Bändern verschmolzen. Die Grundfarbe variiert von weiß zu beige.

FLÜGELSPANNWEITE *3,8–4,8 cm*
AKTIVITÄT *Nachtaktiv*
FLUGZEIT *Mai–Juli*
NAHRUNG DER RAUPE *Viele Pflanzenarten*
ÄHNLICHE ARTEN Spilosoma urticae, *die zwei schwarze Flecken auf jedem Vorderflügel trägt*
VORKOMMEN *Verbreitet und häufig*

Blutbär

VORKOMMEN: *Ödland, Grünflächen und Wiesen, wo Greiskraut wächst*

Tyria jacobaeae (Arctiidae)

Die aufgrund der purpurroten Hinterflügel charakteristische Art fliegt manchmal tagsüber. Wenn sie ruht, sind die Hinter- unter den Vorderflügeln verborgen, die glänzend dunkelgrau mit roten Linien und Flecken sind. Anders als die meisten Mitglieder der Familie leben die Raupen gesellig, und man findet sie in großer Zahl auf Greiskraut *(Senecio)*.

FLÜGELSPANNWEITE *3,5–4,5 cm*
AKTIVITÄT *Nacht-, gelegentlich tagaktiv*
FLUGZEIT *Mai–Juli*
NAHRUNG DER RAUPE *Greiskraut* (Senecio)
ÄHNLICHE ARTEN Zygaena filipendulae *(S. 158)*
VORKOMMEN *Verbreitet und meist häufig; im Norden des Verbreitungsgebietes eher lokal*

VORKOMMEN: *Gärten, Parks, Wiesen, Ödland und alle Lebensräume, wo die Nahrung der Raupen wächst*

Brauner Bär

Arctia caja (Arctiidae)

Er hat in den letzten Jahren in vielen Teilen des Verbreitungsgebietes dramatisch abgenommen. Die schöne dunkelbraune und cremeweiße Zeichnung der Vorderflügel variiert von Falter zu Falter. Die Hinterflügel sind leuchtend orangefarben mit auffallenden schwarzen Flecken. Der ebenfalls orangefarbene Hinterleib ist schwarz gebändert. Die Raupe trägt lange, dunkelbraune Haare, die die Haut reizen. Man sollte sie deshalb niemals berühren.

ANMERKUNG

Der Braune Bär ist sehr variabel. Manchmal findet man Falter mit einheitlich braunen Flügeln oder solche, bei denen die braune Zeichnung stark reduziert ist. Auch die Farbe der Hinterflügel variiert von orange zu gelb oder dunkelbraun.

FLÜGELSPANNWEITE *5–7,8 cm*
AKTIVITÄT *Nachtaktiv*
FLUGZEIT *Juli–August*
NAHRUNG DER RAUPE *Verschiedene Wild- und Kulturpflanzen*
ÄHNLICHE ARTEN *Keine*
VORKOMMEN *Verbreitet, aber nicht mehr so häufig wie früher*

Erpelschwanz

Clostera curtula (Notodontidae)

VORKOMMEN: *V.a. in Waldland, aber auch entlang Flüssen und in offenem Gelände mit einzelnen Bäumen*

In Ruhe sitzt er mit um den Körper gewickelten Flügeln und angehobenem Hinterleib. Kopf und Thorax sind behaart mit einem deutlich abgegrenzten dunkelbraunen Streifen. Der Erpelschwanz ist häufig, wo die Nahrungspflanzen der Raupen wachsen.

FLÜGELSPANNWEITE *3,5–4 cm*
AKTIVITÄT *Nachtaktiv*
FLUGZEIT *April–September*
NAHRUNG DER RAUPE *Pappel* (Populus), *Zitter-Pappel* (Populus tremula), *Weide* (Salix)
ÄHNLICHE ARTEN Clostera anachoreta *hat eine weiße Linie auf den Flügelspitzen.*
VORKOMMEN *Verbreitet und häufig*

Schlehenspinner

Orgyia antiqua (Lymantriidae)

VORKOMMEN: *Gärten, Waldland, Grünflächen und Stadtgebiete*

Die Männchen sieht man bei Sonnenschein sowie nachts zum Licht fliegen, die Weibchen sind flügellos und entfernen sich nach dem Schlüpfen nicht weit von der Puppenhülle. Die Raupenhaare können die Haut reizen, wenn man sie berührt.

FLÜGELLOSES WEIBCHEN

FLÜGELSPANNWEITE *3,5–4 cm*
AKTIVITÄT *Tag- und nachtaktiv*
FLUGZEIT *Juli–Oktober, zwei Generationen*
NAHRUNG DER RAUPE *Viele Laubbäume und Sträucher*
ÄHNLICHE ARTEN Orgyia recens, *der an der Flügelspitze einen weißen Fleck hat*
VORKOMMEN *Verbreitet und häufig*

Weiden-Gabelschwanz

Furcula furcula (Notodontidae)

Dies ist die häufigste von drei verwandten Arten, die sich in der Form des Bandes auf den Vorderflügeln unterscheiden. Wie die anderen ruht der Weiden-Gabelschwanz mit über dem Körper angehobenen Flügeln. Kopf, Thorax und Beine sind behaart.

VORKOMMEN: *Feuchtes Waldland, in Gewässernähe und bei Weidenbeständen; auch Gärten, Parks und Grünflächen*

FLÜGELSPANNWEITE *3,5–4,2 cm*
AKTIVITÄT *Nachtaktiv*
FLUGZEIT *Mai–August, zwei Generationen*
NAHRUNG DER RAUPE *Weide* (Salix)
ÄHNLICHE ARTEN Furcula bicuspis *trägt ein dunkleres, gezacktes Band,* Furcula bifida *ein gleichmäßigeres Band*
VORKOMMEN *Verbreitet und häufig*

Palpen-Zahnspinner

Pterostoma palpina (Notodontidae)

In Ruhe verlässt sich der Palpen-Zahnspinner auf seine Tarnung: Er ähnelt einem abgebrochenen Stückchen Holz und wird von Feinden selten entdeckt. Wie viele gut getarnte Arten hält er sich vollkommen still. Wenn er gestört wird, lässt er sich zur Seite fallen und fliegt nicht weg.

VORKOMMEN: *Laubwald, bevorzugt feuchtere Gebiete; auch Gärten, Parks und Wiesen*

FLÜGELSPANNWEITE *4–6 cm*
AKTIVITÄT *Nachtaktiv*
FLUGZEIT *Mai–August, zwei Generationen*
NAHRUNG DER RAUPE *Pappel* (Populus), *Weide* (Salix)
ÄHNLICHE ARTEN *Keine*
VORKOMMEN *Verbreitet und häufig*

VORKOMMEN: *Hecken, Gärten und offenes Waldland, wo die Nahrung der Raupen wächst*

Mondvogel

Phalera bucephala (Notodontidae)

Die Art ist von einem abgebrochenen Birkenzweig kaum unterscheidbar. In Ruhe rollt der Falter die Flügel um seinen Körper und verbirgt die hellen Hinterflügel. Die Vorderflügel sind großteils silbergrau mit feinen schwarzen und braunen Linien. Kopf und Thorax sind behaart. Wie alle Mitglieder der Familie haben die Falter keinen Saugrüssel und fressen nichts. Der Mondvogel fliegt nachts und wird von Licht angelockt.

ANMERKUNG

Die gelb-schwarzen Raupen leben zunächst gesellig und werden Einzelgänger, bevor sie sich verpuppen. Sie richten oft ernsthaften Schaden an Bäumen an, da sie die Äste entlauben.

FLÜGELSPANNWEITE *5,5–7 cm*
AKTIVITÄT *Nachtaktiv*
FLUGZEIT *Mai–Juli*
NAHRUNG DER RAUPE *Viele Laubbäume und Sträucher*
ÄHNLICHE ARTEN *Keine*
VORKOMMEN *Verbreitet und häufig*

Großer Gabelschwanz

Cerura vinula (Notodontidae)

Dieser große und attraktive Vertreter der Familie der Zahnspinner ist zartgrün getönt, wenn er frisch geschlüpft ist, die Färbung verblasst jedoch bald. Die weißen Vorderflügel des Falters sind mit dunklen Linien gezeichnet. Er wird nicht stark vom Licht angezogen, deshalb sieht man ihn selten. Die Raupe sieht sehr ungewöhnlich aus. Sie hat einen großen Kopf und zwei rote Schwanzanhänge. Wenn sie bedroht wird, bewegt sie diese und hebt den Kopf, damit sie größer wirkt.

VORKOMMEN: *Hecken, offener Wald, Parks und Gärten; auch an Gewässern, wo Pappeln und Weiden wachsen, welche die Nahrung der Raupen bilden*

ANMERKUNG

Die leuchtend grün und braun gefärbte Raupe kann aus Drüsen im Hals Ameisensäure versprühen, um Feinde abzuwehren. Die jungen Raupen ähneln denen des Weiden-Gabelschwanzes (S. 183) und fressen oft paarweise.

FLÜGELSPANNWEITE *6–8 cm*
AKTIVITÄT *Nachtaktiv*
FLUGZEIT *Mai–Juli*
NAHRUNG DER RAUPE *Pappel* (Populus) *und Weide* (Salix)
ÄHNLICHE ARTEN *Keine*
VORKOMMEN *Verbreitet und relativ häufig*

Kleine Flechteneule

VORKOMMEN: *V.a. im Stadtgebiet, auch an Felsen in offenem Land und anderen flechtenbewachsenen Stellen*

Cryphia domestica (Noctuidae)

Diese kleine Eule hat eine hübsche schwarz-graue Zeichnung auf cremeweißem Grund. Sie kommt oft in der Umgebung von Häusern und anderen Gebäuden vor, denn die Raupen fressen Flechten, die an Mauern wachsen. Einige Falter sind grünlich gefärbt und können mit der Mauerflechteneule verwechselt werden.

GRAUGRÜNE FORM

FLÜGELSPANNWEITE *2,2–3 cm*
AKTIVITÄT *Nachtaktiv*
FLUGZEIT *Juli–August*
NAHRUNG DER RAUPE *Flechten, v.a. solche, die an Mauern wachsen*
ÄHNLICHE ARTEN Cryphia muralis, *die größer und grüner ist*
VORKOMMEN *Verbreitet und häufig*

Dreizack-Graseule

VORKOMMEN: *Grasbewachsene Gebiete wie Wiesen, Moore und Hügelland*

Cerapteryx graminis (Noctuidae)

Weibchen sind meist größer als Männchen. Auch die Zeichnung ist variabel. Bei manchen Faltern ist die Dreizack-Zeichnung reduziert oder fehlt. Manchmal sieht man die Falter tagsüber fliegen oder an Blüten trinken. Nachts werden sie von Licht angelockt.

ROTBRAUNE FORM

GRAUE FORM

FLÜGELSPANNWEITE *2,5–4 cm*
AKTIVITÄT *Tag- und nachtaktiv*
FLUGZEIT *Juli–September*
NAHRUNG DER RAUPE *Gräser (Familie* Poaceae), *v.a. Schaf-Schwingel* (Festuca ovina) *und Borstgras* (Nardus stricta)
ÄHNLICHE ARTEN *Keine*
VORKOMMEN *Lokal häufig*

Ockergelbe Escheneule

Atethmia centrago (Noctuidae)

Die orangefarbenen Bänder auf den Vorderflügeln variieren in der Stärke: Manchmal kontrastieren sie sehr mit der gelblichen Grundfarbe. Die Hinterflügel sind weißlich, ihr Rand orange. Die Eule fliegt nachts und wird von Licht angelockt.

VORKOMMEN: *Waldland, Parks, Hecken, Wiesen, Grünflächen und Gärten, wo Eschen wachsen, die Nahrung der Raupen*

FLÜGELSPANNWEITE *3,2–3,7 cm*
TAGESAKTIVITÄT *Nachtaktiv*
FLUGZEIT *August–September*
NAHRUNG DER RAUPE *Esche* (Fraxinus)
ÄHNLICHE ARTEN Xanthia togata *(unten) ist rötlicher, auch fressen ihre Larven an anderen Pflanzen.*
VORKOMMEN *Verbreitet und häufig*

Weiden-Gelbeule

Xanthia togata (Noctuidae)

Mit ihrer Färbung, die für im Herbst fliegende Arten typisch ist, ist diese Eule zwischen Falllaub getarnt. Die Weiden-Gelbeule wird von Licht angelockt und trinkt an Blüten und reifen Beeren. Die Raupe, die in den Kätzchen von Weiden und Pappeln frisst, ist mattbraun gefärbt.

VORKOMMEN: *Feuchtes Waldland, Sümpfe und Flussufer, wo Weiden und Pappeln wachsen*

FLÜGELSPANNWEITE *2,8–3,7 cm*
AKTIVITÄT *Nachtaktiv*
FLUGZEIT *September–Oktober*
NAHRUNG DER RAUPE *Kätzchen von Weide* (Salix) *und Pappel* (Populus)
ÄHNLICHE ARTEN Atethmia centrago *(oben)*
VORKOMMEN *Verbreitet und häufig*

VORKOMMEN: *Grasbewachsene Lebensräume wie Wiesen, Grünflächen, Heiden und Moore*

Getreidewurzeleule

Mesapamea secalis (Noctuidae)

Bis vor kurzem dachte man, es gebe nur eine Art der Getreidewurzeleule in Europa. Mittlerweile ist jedoch bekannt, dass es sich dabei um drei nahe verwandte Arten handelt *(Mesapamea secalis, M. didyma* und *M. remmi)*. Sie ähneln sich so stark, dass sie nicht an ihrer Flügelzeichnung unterschieden werden können, sondern nur an den Genitalien, wofür sie von Fachleuten präpariert werden müssen. *Mesapamea didyma* ist jedoch kleiner und dunkler als die anderen beiden Arten.

DUNKLE FORM

BRAUNE FORM

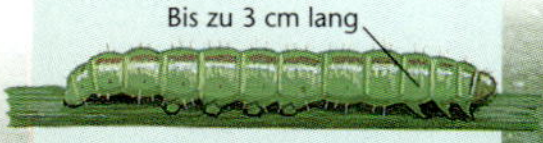

ANMERKUNG

Die Getreidewurzeleule ist eine variable Art mit unterschiedlichen Formen. Manche sind einheitlich braun, andere gefleckt hell- oder dunkelbraun. Das Grundmuster ist aber bei den meisten Faltern ähnlich.

HELL- UND DUNKELBRAUN GEFLECKTE FORM

FLÜGELSPANNWEITE *2,8–3,6 cm*
AKTIVITÄT *Nachtaktiv*
FLUGZEIT *Juli–August*
NAHRUNG DER RAUPE *Verschiedene Gräser (Familie* Poaceae*)*
ÄHNLICHE ARTEN Mesapamea didyma *und* Mesapamea remmi, *die nur an den Genitalien zu unterscheiden sind; einige andere braune Eulen-Arten*
VORKOMMEN *Verbreitet und oft sehr häufig*

Silbergraue Nesselhöckereule

Abrostola tripartita (Noctuidae)

Diese Art hat zwei charakteristische schwarze Kreise vorne auf dem Thorax, die einer Brille ähneln. In einigen industrialisierten Gebieten tritt eine sehr dunkle Form auf, die fast schwarze Flügel hat. Die Art fliegt nachts, man kann sie dann auch an Blüten Nektar trinken sehen.

VORKOMMEN: *Feuchtes Waldland, Gärten, Flusstäler und Ödland, auch Stadtgebiete*

FLÜGELSPANNWEITE *3,3–3,8 cm*
AKTIVITÄT *Nachtaktiv*
FLUGZEIT *Mai–September*
NAHRUNG DER RAUPE *Große Brennnessel* (Urtica dioica)
ÄHNLICHE ARTEN Abrostola triplasia, *die dunkler ist*
VORKOMMEN *Verbreitet und häufig*

Scheck-Tageule

Callistege mi (Noctuidae)

Diese tagaktive Art kommt oft in denselben Lebensräumen vor wie der Malven-Würfel- und der Dunkle Dickkopffalter und kann im Flug mit diesen Arten verwechselt werden. Wenn der Falter ruht, erkennt man jedoch deutlich, dass die Flügelzeichnung unterschiedlich ist.

VORKOMMEN: *Grasbewachsene Stellen wie Wiesen und Heiden, auch offener Wald und Sümpfe*

FLÜGELSPANNWEITE *3–3,5 cm*
AKTIVITÄT *Tagaktiv*
FLUGZEIT *Mai–Juni*
NAHRUNG DER RAUPE *Klee* (Trifolium)
ÄHNLICHE ARTEN Pyrgus malvae *(S. 112) und* Erynnis tages *(S. 120), die oft mit Nachtfaltern verwechselt werden*
VORKOMMEN *Lokal häufig*

VORKOMMEN: *Nadelwälder und andere Gegenden mit Kiefernbestand*

Kieferneule

Panolis flammea (Noctuidae)

In Jahren, in denen sie häufig auftreten, können die Raupen große Kiefernforste kahlfressen. Wie viele Arten, die im Frühjahr fliegen, trinken die Falter nachts an Weidenblüten. Sie sind in der Färbung variabel, es gibt im wesentlichen drei Farbvarianten: Die typische, größtenteils orangefarbene Form, eine stärker gezeichnete orangefarbene und eine braune. Alle haben zwei helle Flecken auf jedem Vorderflügel.

ANMERKUNG

Die grün-weiß gestreiften Raupen sind zwischen Kiefernnadeln gut getarnt und schwer zu entdecken. Sie verstärken diese Ähnlichkeit, indem sie sich bei Störung versteifen und bewegungslos verharren.

FLÜGELSPANNWEITE *3,2–4 cm*
AKTIVITÄT *Nachtaktiv*
FLUGZEIT *März–Mai*
NAHRUNG DER RAUPE *Nadeln verschiedener Kiefern-Arten* (Pinus)
ÄHNLICHE ARTEN *Keine*
VORKOMMEN *Verbreitet und lokal häufig im ganzen Verbreitungsgebiet*

Bräunlichgraue Kätzcheneule

Orthosia gothica (Noctuidae)

Diese Eule kommt in fast allen Lebensräumen vor, auch im Gebirge und über dem Polarkreis. Sie trinkt nach Einbruch der Dunkelheit an Weidenblüten und wird von Licht angelockt. Die schwarze C-förmige Zeichnung fehlt bei manchen Faltern. Die Färbung der Flügel variiert von grau zu rotbraun.

VORKOMMEN: *Fast sämtliche Lebensräume, besonders häufig in Gärten*

HELLE FORM

FLÜGELSPANNWEITE *3–4 cm*
AKTIVITÄT *Nachtaktiv*
FLUGZEIT *März–Mai*
NAHRUNG DER RAUPE *Bäume und Sträucher*
ÄHNLICHE ARTEN Xestia c-nigrum, *die größer und dunkler ist und später im Jahr fliegt*
VORKOMMEN *Verbreitet und häufig*

Bleiche Graseule

Mythimna pallens (Noctuidae)

Die Farbe der Vorderflügel variiert von Hellgelb zu dunklerem Orangebraun, auf dem die hellen Adern deutlicher hervortreten. Die Hinterflügel sind immer weiß. Nach Einbruch der Nacht sieht man die Eule auf Grashalmen sitzen oder an Blüten trinken.

VORKOMMEN: *Grasbewachsene Lebensräume wie Wiesen, Heiden, Sümpfe und Gärten*

DUNKLE FORM

FLÜGELSPANNWEITE *3–4 cm*
AKTIVITÄT *Nachtaktiv*
FLUGZEIT *Juni–Oktober*
NAHRUNG DER RAUPE *Verschiedene Gräser (Familie* Poaceae*)*
ÄHNLICHE ARTEN Mythimna impura, *die graue Hinterflügel hat*
VORKOMMEN *Verbreitet und häufig*

Kleiner Kahnspinner

Pseudoips prasinana (Noctuidae)

VORKOMMEN: *V. a. Laubwälder; auch Hecken, Parks und Gärten*

Der Falter trägt silberweiße Linien auf zartgrünem Hintergrund. Wenn er frisch geschlüpft ist, sind die Flügelsäume, Beine und Antennen rot getönt. Das etwas größere Weibchen ist heller mit weißen Hinterflügeln, die des Männchens sind gelb getönt.

FLÜGELSPANNWEITE *3,3–4 cm*
AKTIVITÄT *Nachtaktiv*
FLUGZEIT *Mai–Juli, manchmal zweite Generation im Herbst*
NAHRUNG DER RAUPE *Verschiedene Bäume*
ÄHNLICHE ARTEN Bena bicolorana, *die größer ist*
VORKOMMEN *Verbreitet und häufig*

Rundflügel-Kätzcheneule

Orthosia cerasi (Noctuidae)

VORKOMMEN: *V. a. Laubwälder, aber auch Parks, Gärten und Hecken*

Diese Art kann in Laubwäldern häufig sein. Wie viele Arten, die früh im Jahr fliegen, trinkt sie nach Einbruch der Nacht Nektar an Weiden. Die Farbe der Vorderflügel variiert von hellbraun bis zu dunklem Rotbraun.

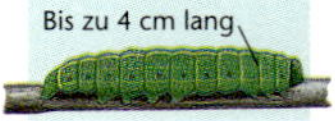

FLÜGELSPANNWEITE *3,5–4 cm*
AKTIVITÄT *Nachtaktiv*
FLUGZEIT *März–April*
NAHRUNG DER RAUPE *Bäume wie Eiche* (Quercus) *und Weide* (Salix)
ÄHNLICHE ARTEN Orthosia gracilis, Orthosia cruda
VORKOMMEN *Verbreitet und häufig*

Trauereule

Dypterygia scabriuscula (Noctuidae)

Diese Eule ist ziemlich düster gefärbt. Die helle Zeichnung und der helle beigefarbene Thorax brechen den Umriss auf, wenn der Falter ruht. So ist er für Feinde schwierig zu erkennen. Da die Färbung kaum variiert, ist die Art relativ einfach zu bestimmen.

VORKOMMEN: *Laubwälder und offene Lebensräume wie Wiesen, Parks und Gärten*

FLÜGELSPANNWEITE *3,5–4 cm*
AKTIVITÄT *Nachtaktiv*
FLUGZEIT *Mai–September, in zwei Generationen*
NAHRUNG DER RAUPE *Ampfer* (Rumex) *und andere Pflanzen*
ÄHNLICHE ARTEN *Keine*
VORKOMMEN *Lokal häufig*

Kletteneule

Gortyna flavago (Noctuidae)

Die orange-braun gefleckten Vorderflügel tarnen sie in Herbstlaub. Die Färbung variiert kaum, nördliche Falter können dunkler sein. Nachts wird sie von Licht angelockt, trinkt aber nicht an Blüten. Die madenartigen Raupen leben in Stängeln und Wurzeln von Nahrungspflanzen.

VORKOMMEN: *Felder, offenes Grasland, Sümpfe, Ödland und Gärten*

FLÜGELSPANNWEITE *3,2–4,3 cm*
AKTIVITÄT *Nachtaktiv*
FLUGZEIT *August–Oktober*
NAHRUNG DER RAUPE *(Kratz-)Distel* (Cirsium, Carduus), *Klette* (Arctium), *Roter Fingerhut* (Digitalis purpurea) *u. a. Pflanzen*
ÄHNLICHE ARTEN P. moneta *(S. 199)*
VORKOMMEN *Verbreitet und lokal häufig*

VORKOMMEN: *Gärten und Ödland, aber auch offener Wald sowie Sümpfe und Wiesen*

Nessel-Schnabeleule

Hypena proboscidalis (Noctuidae)

Wenn sie ruht, hat diese Eule einen dreieckigen Umriss und lange Palpen, die den Kopf wie eine Schnauze verlängern. Die Vorderflügel sind mattbraun mit zwei dunklen Bändern und einer Reihe heller Flecken.

FLÜGELSPANNWEITE *3,4–4 cm*
AKTIVITÄT *Nachtaktiv*
FLUGZEIT *Juni–Oktober, zwei Generationen*
NAHRUNG DER RAUPE *Große Brennnessel* (Urtica dioica)
ÄHNLICHE ARTEN *Keine*
VORKOMMEN *Verbreitet und häufig*

VORKOMMEN: *Fast alle Lebensräume, da die Raupen an den verschiedensten Pflanzen fressen; in Gärten sehr häufig*

Gemeine Graseule

Agrotis exclamationis (Noctuidae)

Dies ist eine der häufigsten europäischen Eulen, die in vielen verschiedenen Lebensräumen vorkommt. Die Grundfarbe der Vorderflügel reicht von hell- bis dunkelbraun, die typisch geformten schwärzlichen Flecken sind jedoch ziemlich konstant. Der Falter trinkt nach Einbruch der Dunkelheit an Blüten.

DUNKLE FORM

FLÜGELSPANNWEITE *3,5–4,5 cm*
AKTIVITÄT *Nachtaktiv*
FLUGZEIT *Mai–Juli*
NAHRUNG DER RAUPE *Verschiedene Wild- und Kulturpflanzen*
ÄHNLICHE ARTEN *Andere* Agrotis-*Arten, denen die typischen dunklen Flecken fehlen*
VORKOMMEN *Verbreitet und oft häufig*

Gemüseeule

Lacanobia oleracea (Noctuidae)

Die Raupe dieser Art frisst häufig in Tomaten und ist deshalb bei Gärtnern unbeliebt. Der Falter hat zwei charakteristische Merkmale auf den einheitlich braunen Vorderflügeln: Eine gewellte Linie am Hinterrand und einen orangebraunen Fleck. Die Hinterflügel sind hell graubraun.

VORKOMMEN: *Gärten, in denen Tomaten angebaut werden; auch auf offenem Land und in Salzmarschen*

FLÜGELSPANNWEITE *3,5–4,5 cm*
AKTIVITÄT *Nachtaktiv*
FLUGZEIT *Mai–Juli; manchmal zweite Generation im Herbst*
NAHRUNG DER RAUPE *Verschiedene Pflanzen, oft Tomate* (Lycopersicon esculentum)
ÄHNLICHE ARTEN *Keine*
VORKOMMEN *Verbreitet und häufig*

Messingeule

Diachrysia chrysitis (Noctuidae)

Die Vorderflügel tragen messingfarbene Schuppen, die zwei manchmal verschmolzene Flecken bilden. Nach Einbruch der Nacht trinkt sie an Blüten. In Südeuropa kommt die ähnliche *D. orichalcea* vor, die schmalere Flügel und nur einen halbmondförmigen metallischen Fleck hat.

VORKOMMEN: *Gärten, Ödland, offenes Waldland, Sümpfe, Grünflächen und überall, wo Brennnesseln wachsen*

FLÜGELSPANNWEITE *3,5–4,5 cm*
AKTIVITÄT *Nachtaktiv*
FLUGZEIT *Juni–September, zwei Generationen*
NAHRUNG DER RAUPE *Brennnessel* (Urtica)
ÄHNLICHE ARTEN Diachrysia orichalcea
VORKOMMEN *Verbreitet und häufig*

VORKOMMEN: *V.a. Laubwald; auch in Hecken, Parks und Gärten, wo Bäume wachsen, an denen die Raupen fressen*

Pfeileule

Acronicta psi (Noctuidae)

Diese Art und *Acronicta tridens* sind so ähnlich, dass man sie nur unterscheiden kann, wenn man die Genitalien untersucht. Die Hinterflügel können bei der Bestimmung hilfreich sein: Die von *Acronicta tridens* sind meist (aber nicht immer) reinweiß ohne graubraune Tönung. Die Vorderflügel beider Arten tragen schwarze Zeichnungen auf grauem Hintergrund und ähneln rissiger Baumrinde.

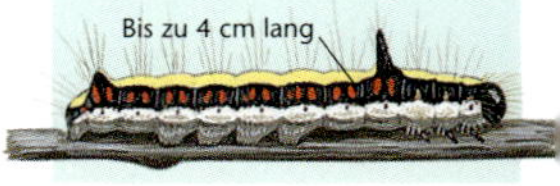

ANMERKUNG

Die Raupe der Pfeileule hat im Gegensatz zu der von Acronicta tridens *einen breiten gelben Streifen entlang des Rückens und ein schwarzes Horn hinter dem Kopf. Dies sind die einzigen Unterschiede.*

FLÜGELSPANNWEITE *3,5–4,5 cm*
AKTIVITÄT *Nachtaktiv*
FLUGZEIT *Juni–August*
NAHRUNG DER RAUPE *Verschiedene Bäume*
ÄHNLICHE ARTEN Lithophane leautieri *(rechts);* Acronicta aceris *(S. 198), die grau gefleckte Flügel hat;* A. tridens *ist sehr ähnlich und als Falter kaum zu unterscheiden.*
VORKOMMEN *Verbreitet und häufig*

Eule

Lithophane leautieri (Noctuidae)

Diese Art, die in Ruhe einem Stück Holz ähnelt, hat sich in jüngerer Zeit von ihrem ursprünglichen Verbreitungsgebiet in Südwest-Frankreich weit nordwärts ausgebreitet. Vermutlich hat dies damit zu tun, dass Zypressen in Gärten immer beliebter wurden.

VORKOMMEN: *Überall, wo Zypressen wachsen, v.a. in Gärten und Parks*

FLÜGELSPANNWEITE *4–4,5 cm*
AKTIVITÄT *Nachtaktiv*
FLUGZEIT *September–November*
NAHRUNG DER RAUPE *Zypresse und Scheinzypresse* (Cupressus *und* Chamaecyparis)
ÄHNLICHE ARTEN Acronicta psi *(links)*, A. aceris *(S. 198)*, Cucullia umbratica *(S. 201)*
VORKOMMEN *Lokal häufig*

Satelliteule

Eupsilia transversa (Noctuidae)

Der Name kommt von der Zeichnung auf den Vorderflügeln, die einem Planeten mit zwei Satelliten ähnelt. Sie kann weiß, gelb oder orange sein. Die Falter fliegen ab September. In milden Nächten sieht man sie bis in den April hinein. Sie trinken an Efeublüten und Brombeeren, im Frühjahr auch an Weidenblüten.

VORKOMMEN: *Laubwälder, Parks und Gärten, im Norden auch Moore*

FORM OHNE HELLE ZEICHNUNG

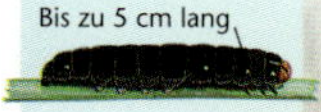

FLÜGELSPANNWEITE *4–4,7 cm*
AKTIVITÄT *Nachtaktiv*
FLUGZEIT *September–April*
NAHRUNG DER RAUPE *Verschiedene Bäume wie Eiche* (Quercus), *Ulme* (Ulmus), *Weide* (Salix) *und Birke* (Betula)
ÄHNLICHE ARTEN *Keine*
VORKOMMEN *Verbreitet und häufig*

Kohleule

Mamestra brassicae (Noctuidae)

VORKOMMEN: *Fast überall, da die Raupen an verschiedensten Pflanzen fressen*

Trotz ihres Namens frisst die Raupe der Kohleule an vielen verschiedenen Pflanzen, obwohl sie eine Vorliebe für Kohl und andere Kreuzblütler hat und daran Schaden anrichten kann. Der Falter ist eher unauffällig braun mit dunklen Flecken und heller Zeichnung auf den Vorderflügeln. Nachts kann man ihn an Blüten trinken sehen.

FLÜGELSPANNWEITE *3,5–5 cm*
AKTIVITÄT *Nachtaktiv*
FLUGZEIT *Mai–September, manchmal während des restlichen Jahres*
NAHRUNG DER RAUPE *Kreuzblütler* (Brassicaceae) *u. v. a. Wild- und Kulturpflanzen*
ÄHNLICHE ARTEN Mesapamea secalis *(S. 188)*
VORKOMMEN *Verbreitet und häufig*

Ahorneule

Acronicta aceris (Noctuidae)

VORKOMMEN: *Überall, wo Ahorn wächst; oft in Städten, wo er gezielt gepflanzt wurde*

Man nimmt die Raupen eher wahr als die Falter, da sie mit leuchtend bunter Behaarung, weißen Flecken und schwarzen Ringen sehr auffallen. Der Falter ist mit seiner grauen, hell und dunkel gefleckten Färbung gut getarnt. Er fliegt nach Einbruch der Nacht und trinkt an Blüten oder Honigtau.

HELLE FORM

DUNKLE FORM

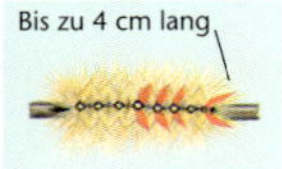

FLÜGELSPANNWEITE *4-4,9 cm*
AKTIVITÄT *Nachtaktiv*
FLUGZEIT *Juni–August*
NAHRUNG DER RAUPE *Ahorn* (Acer), *Gewöhnliche Rosskastanie* (Aesculus hippocastanum), *Eiche* (Quercus)
ÄHNLICHE ARTEN Acronicta psi *(S. 196)*
VORKOMMEN *Lokal häufig*

Eisenhut-Goldeule

Polychrysia moneta (Noctuidae)

VORKOMMEN: *Gärten (in Nordwesteuropa), Gebirgsregionen (im restlichen Verbreitungsgebiet)*

Sie stammt aus Südeuropa und hat sich im 20. Jahrhundert nach Nord- und Westeuropa ausgebreitet. Tagsüber ist die ockergelbe und braune Eule gut getarnt, wenn sie zwischen welken Blättern ruht. Nach Einbruch der Nacht trinkt sie an Blüten und kommt in kleiner Zahl zum Licht.

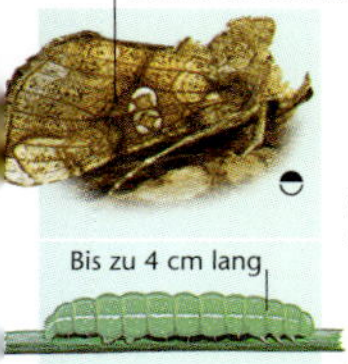

FLÜGELSPANNWEITE *4–4,5 cm*
AKTIVITÄT *Nachtaktiv*
FLUGZEIT *Juni–September, zwei Generationen*
NAHRUNG DER RAUPE *Rittersporn* (Delphinium)
ÄHNLICHE ARTEN Gortyna flavago *(S. 193)*
VORKOMMEN *Lokal häufig*

Grüne Eicheneule

Dichonia aprilina (Noctuidae)

VORKOMMEN: *V.a. alte Eichenwälder, gelegentlich Parks und Gärten*

Einige Falter dieser variablen Art tragen ein breites schwarzes Band über den Vorderflügeln, andere sind fast völlig schwarz. Die typische Form hat eine Zeichnung in Grün, Schwarz und Weiß. Die Herbstform trinkt an Efeublüten und wird von Licht angelockt.

FLÜGELSPANNWEITE *4,2–5,2 cm*
AKTIVITÄT *Nachtaktiv*
FLUGZEIT *September–Oktober*
NAHRUNG DER RAUPE *Eiche* (Quercus)
ÄHNLICHE ARTEN Moma alpium, *die kleiner ist;* Ochropleura praecox *hat schmale Flügel.*
VORKOMMEN *Verbreitet und lokal häufig*

Zimteule

Scoliopteryx libatrix (Noctuidae)

VORKOMMEN: *Feuchtes Waldland, gewässernahe Lebensräume und überall, wo Weiden wachsen; auch Gärten, Parks und Wiesen*

Sie überwintert oft in Gebäuden, man findet sie im Winter oft in Schuppen oder Kellern. In ihrem natürlichen Lebensraum ist sie mit ihrer Färbung aus Orange und Braun und dem unregelmäßigen Flügelumriss inmitten von welkem Laub perfekt getarnt. Sie trinkt an Efeublüten und Brombeeren, im Frühling auch an Weidenblüten.

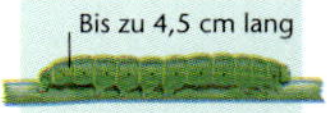

FLÜGELSPANNWEITE *4,4–5,2 cm*
AKTIVITÄT *Nachtaktiv*
FLUGZEIT *Juli–November und nach Winterstarre März–Juni*
NAHRUNG DER RAUPE *Weide* (Salix) *und Pappel* (Populus)
ÄHNLICHE ARTEN *Keine*
VORKOMMEN *Verbreitet und lokal häufig*

Achateule

Phlogophora meticulosa (Noctuidae)

VORKOMMEN: *Gärten, Waldland, Stadtgebiete; nicht gebunden, da die Raupen an diversen Pflanzen fressen*

Die Achateule faltet ihre Flügel in einer einzigartigen Weise, wenn sie ruht. So sieht sie aus wie ein ausgetrocknetes, totes Blatt. Die Färbung der Flügel variiert von olivgrün zu rotbraun, das Muster ist jedoch ziemlich konstant. Manche dieser Falter wandern jedes Jahr in den Norden.

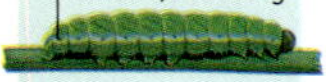

FLÜGELSPANNWEITE *4,5–5,5 cm*
AKTIVITÄT *Nachtaktiv*
FLUGZEIT *Mai–Oktober, mindestens zwei Gen.; kann zu jeder Jahreszeit auftreten*
NAHRUNG DER RAUPE *Verschiedene Wild- und Kulturpflanzen*
ÄHNLICHE ARTEN *Keine*
VORKOMMEN *Verbreitet und oft häufig*

Wurzelfresser

Apamea monoglypha (Noctuidae)

Der große, bräunliche Falter ist in Europa sehr häufig und kommt in diversen Lebensräumen vor. Die Vorderflügel variieren von mittelbraun zu fast schwarz, die helleren Formen tragen dunklere und hellere Flecken und Linien. Der Falter trinkt an Blüten und wird von Licht angelockt.

VORKOMMEN: *Unterschiedliche grasbewachsene Gebiete wie Wiesen, Moore und Grünflächen*

DUNKLE FORM

FLÜGELSPANNWEITE *4,6–5,4 cm*
AKTIVITÄT *Nachtaktiv*
FLUGZEIT *Juni–Oktober, zwei Generationen*
NAHRUNG DER RAUPE *Verschiedene Gräser (Familie* Poaceae*)*
ÄHNLICHE ARTEN Apamea anceps, *die kleiner ist*
VORKOMMEN *Verbreitet und oft häufig*

Schattenmönch

Cucullia umbratica (Noctuidae)

In Ruhe faltet der Schattenmönch seine Flügel um den Körper. Die graue Färbung und die feine Zeichnung tarnen ihn auf Baumstämmen oder Zäunen. Nach Einbruch der Nacht trinkt er an Blüten von Heckenkirschen und Disteln. Der ähnliche Kamillenmönch *C. chamomillae* ist meist kleiner und fliegt früher im Jahr, zwischen April und Juni.

VORKOMMEN: *Gärten und Plätze, wo Unkräuter gedeihen, wie Ödland, Wiesen und Kieselstrände*

FLÜGELSPANNWEITE *4,8–5,9 cm*
AKTIVITÄT *Nachtaktiv*
FLUGZEIT *Juni–Juli*
NAHRUNG DER RAUPE *Gänsedistel* (Sonchus), *Lattich* (Lactuca)
ÄHNLICHE ARTEN Lithophane leautieri *(S. 197) und andere Mönch-Arten*
VORKOMMEN *Verbreitet und häufig*

VORKOMMEN: *Unterschiedlichste Lebensräume in gemäßigtem Klima, da die Raupen an vielen Pflanzenarten fressen*

Gammaeule

Autographa gamma (Noctuidae)

Dieser Wanderfalter wandert im Frühjahr oft aus wärmeren Gegenden ein, um sich in Nordeuropa zu vermehren. Doch die Art überlebt die strengen nordeuropäischen Winter nicht. Raupen, Puppen und Falter sterben bei den ersten Frösten. Der Falter ist am Tag und in der Nacht aktiv. Vor allem in der Abenddämmerung kann man ihn an den Blüten von Klee, Karden, Heidekraut und Schmetterlingsflieder trinken sehen. Er wird von Licht angelockt.

ANMERKUNG

Gammaeulen aus den Generationen, die später im Jahr fliegen, sind oft dunkler braun als die, die im Frühjahr als Wanderfalter in Nordeuropa ankommen. Eine seltene Farbvariante ist fast ganz schwarz, und manchmal sieht man sehr kleine Falter.

FLÜGELSPANNWEITE *3,5–5 cm*
AKTIVITÄT *Nacht- und tagaktiv*
FLUGZEIT *Mehrere Generationen, in Nordeuropa Mai–Oktober*
NAHRUNG DER RAUPE *Frisst an unterschiedlichsten Wild- und Kulturpflanzen*
ÄHNLICHE ARTEN Autographa pulchrina, *die brauner ist;* Autographa interrogationis, *die kleiner und dunkler ist*
VORKOMMEN *Verbreitet und oft häufig*

Pyramideneule

Amphipyra pyramidea (Noctuidae)

Diese Art und *A. berbera* sind nahe verwandt und sehr ähnlich. Der Hauptunterschied ist die Unterseitenfarbe der Hinterflügel, die bei lebenden Tieren schwierig zu sehen ist. Bei der Pyramideneule ist sie hellgelb, bei *A. berbera* orangebraun. Die Vorderflügelfarbe variiert von braun gefleckt zu fast ganz schwarz. Die Pyramideneule wird von süßen Substanzen wie reifen Brombeeren und faulenden Früchten gelockt. Wenige kommen zu Lichtquellen.

VORKOMMEN: *Laubwälder, aber auch Parks, Gärten, Hecken und andere Gegenden, wo die Nahrung der Raupe wächst*

ANMERKUNG

Die Pyramideneule kann man tagsüber an dunklen Plätzen wie Schuppen oder Baumhöhlen ruhen sehen, manchmal auch in kleinen Gruppen.

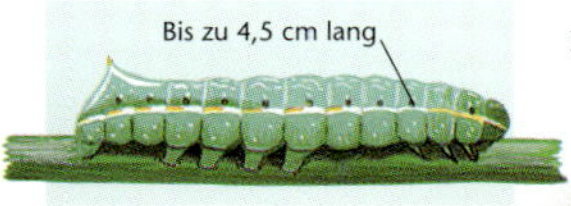

FLÜGELSPANNWEITE *4,7–5,4 cm*
AKTIVITÄT *Nachtaktiv*
FLUGZEIT *August–Oktober*
NAHRUNG DER RAUPE *Verschiedene Bäume und Sträucher wie Eiche* (Quercus), *Esche* (Fraxinus), *Gewöhnliche Hainbuche* (Carpinus betulus), *Liguster* (Ligustrum)
ÄHNLICHE ARTEN A. berbera *(Hinterflügel unten orangebraun)*
VORKOMMEN *Verbreitet und häufig*

VORKOMMEN: *In fast jedem Lebensraum, da die Raupen an unterschiedlichsten Pflanzen fressen; häufig in Gärten*

Hausmutter

Noctua pronuba (Noctuidae)

Sie kommt fast in allen Lebensräumen vor. In Lichtfallen fangen sich in manchen Jahren tausende Falter. Die Färbung der Vorderflügel variiert von hellbraun mit dunkler Zeichnung zu einheitlich dunkelbraun, die Männchen haben meist dunklere Flügel als die Weibchen. Die meisten großen Nachtfalter müssen sich vor dem Abflug aufwärmen, indem sie die Flügel schnell vibrieren lassen. Die Hausmutter kann jedoch sofort losfliegen. Im Flug sind die gelb-schwarzen Hinterflügel sichtbar, die Feinde abschrecken.

ANMERKUNG

Die Hausmutter ist die größte und häufigste von einigen ähnlichen Arten mit gelb-schwarzen Hinterflügeln. Noctua fimbriata *hat orangefarbene Hinterflügel mit breiteren schwarzen Rändern.*

FLÜGELSPANNWEITE *5–6 cm*
AKTIVITÄT *Nachtaktiv*
FLUGZEIT *Juni–September*
NAHRUNG DER RAUPE *Verschiedene Pflanzenarten einschließlich Gräsern*
ÄHNLICHE ARTEN Noctua comes, *die kleiner ist;* Noctua fimbriata, *die orangefarbene Hinterflügel hat*
VORKOMMEN *Verbreitet und oft häufig*

Schwarzes Ordensband

Mormo maura (Noctuidae)

VORKOMMEN: *Unterschiedliche Lebensräume wie offenes Waldland, Gärten, Parks, Wiesen und Felder*

Die Oberseiten tragen gefleckte Bänder in Grau und Braun und haben einen gesägten Rand. Der Falter fliegt nachts und trinkt Baumsaft und Honigtau. Er kann an seinem langsamen Flug mit tiefen Flügelschlägen seiner breiten Flügel erkannt werden.Tagsüber versteckt er sich an dunklen Stellen wie Schuppen oder Baumlöchern, oft in Gewässernähe. Die Raupe frisst vor dem Überwintern an Pflanzen wie Ampfer und Vogelmiere, dann im Frühjahr an Bäumen und Sträuchern.

ANMERKUNG

Streicht man eine Mischung aus braunem Zucker, Sirup, Bier und Rum auf einen Baum, kann das den Falter anlocken, der sich von Süßem ernährt.

FLÜGELSPANNWEITE *6,5–7,5 cm*
AKTIVITÄT *Nachtaktiv*
FLUGZEIT *Juli–August*
NAHRUNG DER RAUPE *Zunächst Ampfer* (Rumex), *Vogelmiere* (Stellaria)*; später Weißdorn* (Crataegus) *und Weide* (Salix)
ÄHNLICHE ARTEN *Keine*
VORKOMMEN *Lokal häufig*

Rotes Ordensband

Catocala nupta (Noctuidae)

VORKOMMEN: *Feuchtes Waldland, gewässernahe Lebensräume mit Weiden und Pappeln, auch Gärten, Parks und Grünflächen*

In Ruhe ist es mit seinen graubraunen Vorderflügeln perfekt auf Baumstämmen getarnt. Wenn es tagsüber aufgeschreckt wird, erkennt man im Flug die leuchtenden rot-schwarzen Hinterflügel. Nach Einbruch der Dunkelheit sieht man es oft an faulenden Früchten oder von Baumsaft trinken.

FLÜGELSPANNWEITE *7–9,4 cm*
AKTIVITÄT *Nacht-, gelegentlich tagaktiv*
FLUGZEIT *August–September*
NAHRUNG DER RAUPE *Weide* (Salix), *Pappel* (Populus)
ÄHNLICHE ARTEN *Drei Arten, bei denen die braune Färbung der Vorderflügel variiert*
VORKOMMEN *Verbreitet und häufig*

Blaues Ordensband

Catocala fraxini (Noctuidae)

VORKOMMEN: *Offene Laubwälder mit Zitter-Pappeln*

In Ruhe ist der Falter mit oben graubraun gefleckten Vorderflügeln auf Baumrinde gut getarnt. Im Flug sind die Hinterflügel sichtbar. Sie sind dunkelbraun mit einem blauen Band. Wie das Rote Ordensband (oben) trinkt das Blaue den Saft verfaulender Früchte und Baumsaft.

FLÜGELSPANNWEITE *8,5–11 cm*
AKTIVITÄT *Nachtaktiv*
FLUGZEIT *September*
NAHRUNG DER RAUPE *Zitter-Pappel* (Populus tremula)
ÄHNLICHE ARTEN *Keine*
VORKOMMEN *Verbreitet, aber nicht häufig*

Großer Hopfenwurzelbohrer

Hepialus humuli (Hepialidae)

Charakteristisch sind die langen Flügel und die sehr kurzen Antennen. Die weißlichen Männchen kann man in der Dämmerung in Gruppen wie kleine Gespenster über der Vegetation flattern sehen. Mit diesem Verhalten locken sie wahrscheinlich Weibchen an. Die gelblichen Weibchen sind meist größer und haben eine typische rosabraune Zeichnung auf den Vorderflügeln. Nach der Paarung verstreuen sie ihre Eier im Flug über der Vegetation. Die Falter trinken nicht an Blüten.

VORKOMMEN: *Grasbewachsene Stellen wie Feldraine, Hügel, Wiesen und Gärten, aber auch auf Feldern*

ANMERKUNG

Die madenähnliche Raupe frisst an den Wurzeln der Nahrungspflanze und richtet oft Schaden an Kulturpflanzen an. Nach etwa zehn Monaten verpuppt sie sich im Boden, bevor der Falter schlüpft.

FLÜGELSPANNWEITE *4,5–5 cm*
AKTIVITÄT *Ab der Abenddämmerung*
FLUGZEIT *Juni–August*
NAHRUNG DER RAUPE *Gräser (Familie Poaceae) und andere Pflanzen, auch Kulturpflanzen*
ÄHNLICHE ARTEN *Keine*
VORKOMMEN *Verbreitet und meist häufig*

Blausieb

Zeuzera pyrina (Cossidae)

VORKOMMEN: *Obstplantagen, Hecken, Gärten und offenes Waldland mit Baumarten, in denen die Raupen fressen*

Diese Art hat weiße Flügel mit kräftigen schwarzen Flecken und einen dicht behaarten Kopf und Thorax. Das Weibchen ist viel größer als das Männchen und hat einen langen Ovipositor (Legeröhre), den man für einen Stachel halten könnte. Die Falter sieht man tagsüber auf Bäumen, Zäunen oder dem Boden ruhen. Die Raupen fressen zwei bis drei Jahre in Bäumen, indem sie sich durch das Holz bohren. Dadurch kann der Baum ernsthaft Schaden nehmen.

ANMERKUNG

Mit den schwarz gefleckten, durchsichtigen weißen Flügeln ist das Blausieb unverkennbar. Die Art variiert kaum, gelegentlich findet man aber Falter mit größeren oder kleineren schwarzen Flecken.

FLÜGELSPANNWEITE *4,5–7,5 cm*
AKTIVITÄT *Nachtaktiv*
FLUGZEIT *Juni–August*
NAHRUNG DER RAUPE *Esche* (Fraxinus), *Eiche* (Quercus), *Gewöhnlicher Flieder* (Syringa vulgaris), *Apfel* (Malus)
ÄHNLICHE ARTEN *Keine*
VORKOMMEN *Verbreitet und relativ häufig*

Grasglucke

Euthrix potatoria (Lasiocampidae)

Die Raupe nimmt öfter Wasser auf als andere Arten, und man kann beobachten, wie sie an Wassertropfen auf Blättern trinkt. Das Falter-Weibchen ist größer und heller als das Männchen und hat spitzere Flügel. Beide fliegen nachts und werden von Licht angelockt, Männchen jedoch stärker als Weibchen.

VORKOMMEN: *Waldland, Grünflächen, Moore und andere grasbewachsene Lebensräume*

FLÜGELSPANNWEITE *5–7 cm*
AKTIVITÄT *Nachtaktiv*
FLUGZEIT *Juli–August*
NAHRUNG DER RAUPE *Gräser (Familie* Poaceae*) und Schilf*
ÄHNLICHE ARTEN Dendrolimus pini *(unten);* Lasiocampa quercus *(S. 210)*
VORKOMMEN *Verbreitet und häufig*

Kiefernspinner

Dendrolimus pini (Lasiocampidae)

Die Art ist variabel. Männchen sind gewöhnlich dunkel rotbraun mit dunkleren Bändern und Flecken. Weibchen sind größer, meist heller und graubraun. Beide tragen weiße Flecken auf den Vorderflügeln. Die Raupe, die Kiefernnadeln frisst, kann in Kiefernpflanzungen großen Schaden anrichten.

VORKOMMEN: *Natürliche Nadelwälder und Plantagen, im Tiefland und in Gebirgsregionen*

FLÜGELSPANNWEITE *4,5–7 cm*
AKTIVITÄT *Nachtaktiv*
FLUGZEIT *Mai–August*
NAHRUNG DER RAUPE *Kiefer* (Pinus), *Fichte* (Picea)
ÄHNLICHE ARTEN Euthrix potatoria *(oben);* Lasiocampa quercus *(S. 210)*
VORKOMMEN *Verbreitet und lokal häufig*

VORKOMMEN: *Unterschiedliche Lebensräume wie Laubwälder, Hecken, Grünflächen und Moorgebiete*

Eichenspinner

Lasiocampa quercus (Lasiocampidae)

Die Farbe variiert von hellem Gelbbraun zu sehr dunklem Braun oder fast Schwarz. Die meisten Formen tragen helle Flecken auf den Vorderflügeln und ein helles Band auf Vorder- und Hinterflügeln. Weibchen, die einheitlicher gefärbt und viel größer als Männchen sind, fliegen nachts. Männchen fliegen tagsüber im Zickzack und werden von den Duftstoffen der Weibchen angelockt.

ANMERKUNG

Die nördliche Form des Eichenspinners ist oft dunkler und hat ebenfalls einen zweijährigen Lebenszyklus. Die Raupen leben 15 Monate, bevor sie sich verpuppen. Diese Form wird oft als eigene Unterart behandelt.

FLÜGELSPANNWEITE *5,5–10 cm*
AKTIVITÄT *Männchen tagaktiv, Weibchen nachtaktiv*
FLUGZEIT *Mai–August*
NAHRUNG DER RAUPE *Weißdorn* (Crataegus), *Glockenheide* (Erica), *Heidekraut* (Calluna), *Brombeere* (Rubus fruticosus), *Weide* (Salix), *Heidelbeere* (Vaccinium myrtillus)
ÄHNLICHE ARTEN Euthrix potatoria *(S. 209)*, Dendrolimus pini *(S. 209)*
VORKOMMEN *Verbreitet und lokal häufig*

Kleines Nachtpfauenauge

Saturnia pavonia (Saturniidae)

Männchen kann man manchmal bei Sonnenschein sehen. Das größere Weibchen fliegt in der Abenddämmerung. Männchen haben gefiederte Antennen. Beide tragen große Augenflecken auf allen vier Flügeln. In der Ruhehaltung sind die Hinterflügel verdeckt. Die Flecken auf den Vorderflügeln in Verbindung mit dem dunkelbraunen Thorax sehen aus wie die Augen und die Schnauze eines kleinen Säugers und schrecken wahrscheinlich Feinde ab.

VORKOMMEN: *Verschiedene Lebensräume wie Heidegebiete, Moore und offenes Waldland, wo die Nahrungspflanzen der Raupen wachsen*

ANMERKUNG

Wenn sie paarungsbereit sind, geben die Weibchen Pheromone ab, die von den Männchen mit den gefiederten Antennen bis in 2 km Entfernung wahrgenommen werden. Oft werden mehrere Männchen von einem Weibchen angelockt.

FLÜGELSPANNWEITE *5,5–8,8 cm*
AKTIVITÄT *Männchen tagaktiv, Weibchen nachtaktiv*
FLUGZEIT *Mai–August*
NAHRUNG DER RAUPE *Heidekraut* (Calluna), *Glockenheide* (Erica), *Brombeere* (Rubus fruticosus), *Weißdorn* (Crataegus), *Weide* (Salix)
ÄHNLICHE ARTEN Saturnia pyri, *das größer ist und nur in Südeuropa vorkommt*
VORKOMMEN *Verbreitet und lokal häufig*

Taubenschwänzchen

Macroglossum stellatarum (Sphingidae)

VORKOMMEN: *Überall, wo Labkraut wächst; Wanderfalter finden sich an blütenreichen Stellen wie Parks, Gärten, Wiesen und Ödland ein.*

Dieser kleine, tagaktive Schwärmer ähnelt einem Kolibri, wenn er von Blüte zu Blüte fliegt und Nektar trinkt. Besonders oft sieht man ihn an Fuchsien, Jasmin und Lichtnelken. In Südeuropa vermehrt er sich während des ganzen Jahres. Einige Falter wandern im Sommer nordwärts und können in Nordeuropa auftauchen.

FLÜGELSPANNWEITE *5–5,8 cm*
AKTIVITÄT *Tagaktiv*
FLUGZEIT *Falter können während des ganzen Jahres auftauchen.*
NAHRUNG DER RAUPE *Labkraut* (Galium)
ÄHNLICHE ARTEN *Keine*
VORKOMMEN *Wandert im Sommer unregelmäßig nach Nordeuropa.*

Mittlerer Weinschwärmer

Deilephila elpenor (Sphingidae)

VORKOMMEN: *Waldlichtungen, Flusstäler, Wiesen, Gärten und Ödland*

Dieser Falter hat beigefarbene Vorderflügel mit rosafarbenen Bändern. Die Unterseiten sind fast völlig rosafarben. Die Hinterflügel haben weiße Säume. Dieser attraktive Falter fliegt in der Abenddämmerung und während der Nacht. Oft trinkt er Nektar an Blüten, gerne an Heckenkirschen.

FLÜGELSPANNWEITE *6,2–7 cm*
AKTIVITÄT *Nachtaktiv*
FLUGZEIT *Mai–Juni*
NAHRUNG DER RAUPE *Weidenröschen* (Epilobium), *Labkraut* (Galium)
ÄHNLICHE ARTEN Deilephila porcellus, *der kleiner ist*
VORKOMMEN *Verbreitet und oft häufig*

VORKOMMEN: *Gärten, Hecken, Straßenbäume, Parks und Laubwälder*

Lindenschwärmer

Mimas tiliae (Sphingidae)

Die Grundfarbe der Vorderflügel reicht von limonengrün bis lachsrosa. Die dunkle Zeichnung variiert ebenso von dunkelgrün zu braun. Die Falter haben keinen Saugrüssel und trinken keinen Nektar. Sie kommen auch in Städten vor, wo Linden als Straßenbäume gepflanzt wurden.

BRAUNE FORM

GRÜNE FORM

FLÜGELSPANNWEITE *7–8 cm*
AKTIVITÄT *Nachtaktiv*
FLUGZEIT *Mai–Juni*
NAHRUNG DER RAUPE *Linde* (Tilia); *auch Birke* (Betula), *Ulme* (Ulmus) *und Erle* (Alnus)
ÄHNLICHE ARTEN Daphnis nerii *hat keinen gewellten Flügelsaum.*
VORKOMMEN *Verbreitet und lokal häufig*

VORKOMMEN: *Offenes Waldland, gewässernahe Lebensräume und sonstige Weiden- und Erlenbestände, auch in Gärten und Parks*

Pappelschwärmer

Laothoe populi (Sphingidae)

Obwohl nahe mit dem Abend-Pfauenauge (S. 214) verwandt, hat er eine andere Ruhehaltung. Er spreizt die Hinterflügel im rechten Winkel vom Körper ab, sodass sie vor den Vorderflügeln herausragen. Wenn er gestört wird, zieht er die Hinterflügel nach vorne und orangerote Flecken werden sichtbar.

FLÜGELSPANNWEITE *7,2–9 cm*
AKTIVITÄT *Nachtaktiv*
FLUGZEIT *Mai–Juni*
NAHRUNG DER RAUPE *Pappel* (Populus), *Zitter-Pappel* (Populus tremula), *Weide* (Salix)
ÄHNLICHE ARTEN *Keine*
VORKOMMEN *Verbreitet und in ganz Europa relativ häufig*

VORKOMMEN: *Offenes Waldland, Obstgärten, Gärten und gewässernahe Lebensräume mit Weiden*

Abend-Pfauenauge

Smerinthus ocellata (Sphingidae)

Wenn es mit verdeckten Hinterflügeln ruht, ähnelt es der Baumrinde, auf der es sitzt. Wenn es gestört wird, öffnet es plötzlich die Flügel und enthüllt ein auffallendes Paar blau-schwarzer Augenflecken auf den rosafarbenen Hinterflügeln. In Kombination mit dem dunkelbraunen Fleck auf dem Thorax, der der Schnauze eines kleinen Säugetieres ähnelt, schrecken sie Feinde ab. Wie der Lindenschwärmer (S. 213) trinkt der Falter keinen Nektar. Er wird in kleiner Zahl von Licht angelockt.

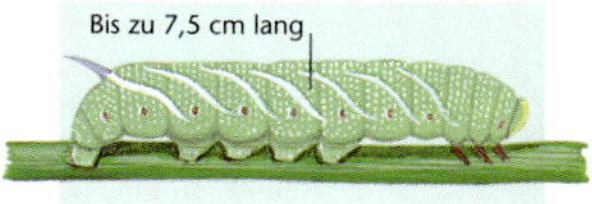

ANMERKUNG

Die Raupe des Abend-Pfauenauges trägt ein blaues Horn hinten am Körper, das sie von der des Pappelschwärmers (S. 213) unterscheidet. Sie frisst von Juni bis September an den Blättern ihrer Nahrungspflanzen und überwintert als Puppe.

FLÜGELSPANNWEITE *7,5–9,5 cm*
AKTIVITÄT *Nachtaktiv*
FLUGZEIT *Mai–Juli*
NAHRUNG DER RAUPE *Weide* (Salix), *Apfel* (Malus), *Zitter-Pappel* (Populus tremula)
ÄHNLICHE ARTEN *Keine*
VORKOMMEN *Verbreitet und lokal häufig*

Ligusterschwärmer

Sphinx ligustri (Sphingidae)

Er ist im Schnitt nur etwas größer als der wandernde Windenschwärmer (unten) und der Totenkopfschwärmer (S. 216). Das beeindruckende Insekt hat einen schwärzlichen Thorax und lange, spitze Vorderflügel. Die Hinterflügel tragen rosafarbene Bänder, das Abdomen ist rosa-schwarz gestreift. Der Schwärmer fliegt nachts und besucht Blüten.

VORKOMMEN: *Offenes Land, Gärten, Waldränder, Hecken und Wiesen*

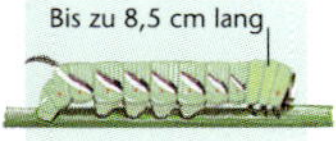

FLÜGELSPANNWEITE *10–12 cm*
AKTIVITÄT *Nachtaktiv*
FLUGZEIT *Juni–Juli*
NAHRUNG DER RAUPE *Liguster* (Ligustrum), *Flieder* (Syringa), *Esche* (Fraxinus)
ÄHNLICHE ARTEN Agrius convolvuli *(unten), der keinen schwarzen Thorax hat*
VORKOMMEN *Verbreitet und lokal häufig*

Windenschwärmer

Agrius convolvuli (Sphingidae)

Den Wanderfalter sieht man meist in der Abenddämmerung, wenn er vor Blüten schwirrt, aus denen er mit dem langen Saugrüssel trinkt. Tiere aus Afrika erreichen regelmäßig Nordeuropa. In Ruhe ähnelt er einem Stück Holz. Öffnet er die Flügel, werden zwei rote Flecken hinten am Thorax sichtbar.

VORKOMMEN: *Vermehrt sich auf Feldern, in Gärten und Ödland; Wanderfalter sieht man in Parks und Gärten.*

FLÜGELSPANNWEITE *9,5–12 cm*
AKTIVITÄT *Ab der Abenddämmerung*
FLUGZEIT *Juni–November*
NAHRUNG DER RAUPE *Ackerwinde* (Convolvulus)
ÄHNLICHE ARTEN Sphinx ligustri *(oben), der rosa Bänder auf den Hinterflügeln hat*
VORKOMMEN *In Nordeuropa Wanderfalter*

VORKOMMEN: *Kartoffelfelder, wo Raupen und Falter Nahrung finden; Wanderfalter können in fast jedem Lebensraum auftauchen.*

ANMERKUNG

Der Totenkopfschwärmer dringt in Bienenstöcke ein. Er benutzt seinen Saugrüssel, um das Wachs zu durchdringen und den Honig zu saugen.

Totenkopfschwärmer

Acherontia atropos (Sphingidae)

Diese beeindruckende Art ist der größte europäische Schwärmer. Benannt ist er nach der Zeichnung auf dem Thorax, die einem Totenkopf ähnelt. Früher galt der Totenkopfschwärmer als Unglücksbote. In Ruhe verdecken die dunkelbraunen Vorderflügel das gelbe Abdomen mit dem blauen Streifen in der Mitte. Die Hinterflügel sind leuchtend gelb mit hellbraunem Rand. Wenn er gestört oder berührt wird, quietscht der Totenkopfschwärmer zur Abschreckung, indem er Luft durch seinen Saugrüssel ausstößt. Er ist in Südeuropa, Afrika und dem Nahen Osten beheimatet. Einige Falter wandern jedoch jedes Jahr nach Norden.

FLÜGELSPANNWEITE *10–13,5 cm*
AKTIVITÄT *Nachtaktiv*
FLUGZEIT *Mai–Oktober*
NAHRUNG DER RAUPE *Kartoffel* (Solanum tuberosum)
ÄHNLICHE ARTEN *Keine*
VORKOMMEN *Wandert selten und in kleiner Zahl nach Nordeuropa*

Glossar

Zu vielen der hier definierten Begriffe finden sich Abbildungen in der allgemeinen Einführung (S. 8–13). Begriffe in Kursivschrift sind an anderer Stelle in diesem Glossar definiert.

ABDOMEN Der gegliederte dritte Teil des Insektenkörpers, in dem sich der größte Teil der Verdauungs-, Ausscheidungs- und Fortpflanzungsorgane befindet.

ANTENNEN Ein Paar Sinnesorgane, die als Anhänge am Kopf des Falters sitzen.

ART Eine Einheit der Klassifikation, die genetisch ähnliche Individuen zusammenfasst, die sich miteinander fortpflanzen und lebensfähige Nachkommen hervorbringen.

AUGENFLECK Eine Zeichnung auf dem Flügel, die einem Säugetier- oder Vogelauge ähnelt. Sie soll warnen oder Feinde abschrecken.

FAMILIE Eine Kategorie der Klassifikation, die mehrere nahe verwandte Gattungen zusammenfasst. Sie steht über der Gattung.

FLÜGELSCHUPPEN Winzige, flache Plättchen, die die Oberflächen der Flügel der meisten Schmetterlingsarten bedecken. Sie sind wie Dachziegel angeordnet und vielfältig gefärbt.

FORM So werden unterschiedliche Färbungsvariationen einer Art bezeichnet.

GATTUNG Eine Kategorie in der Klassifikation, die nahe verwandte Arten zusammenfasst. Der erste Teil des wissenschaftlichen Namens bezeichnet die Gattung, beispielsweise *Colias* in *Colias crocea.*

GENERATION Zu einer bestimmten Zeit geschlüpfte Tiere einer Art. Einige Arten bringen in jedem Jahr mehrere Generationen hervor.

KLEINSCHMETTERLING Eine populäre Bezeichnung für meist kleinere und schwer zu bestimmende Arten.

LOKAL Eine Verbreitung, die geographisch beschränkt ist. Es kann sich um ein zusammenhängendes Gebiet oder um isolierte Stellen handeln.

LOKAL HÄUFIG Eine Art, die häufig ist, jedoch nur innerhalb eines geographisch beschränkten Gebietes; dabei kann es sich um ein zusammenhängendes Gebiet oder um isolierte Stellen handeln.

OVIPOSITOR Der Teil des Abdomens des Schmetterlings-Weibchens, mit dem es Eier legt.

PALPEN Sinnesorgane zum Tasten und Riechen, die als Anhänge an den Mundwerkzeugen eines Schmetterlings sitzen.

PHEROMONE Chemische Botenstoffe, die ein Falter entlässt, um Mitglieder des anderen Geschlechts derselben Art anzulocken.

PUPPE Das Stadium im Lebenszyklus des Schmetterlings, das der Raupe folgt. Aus der Puppe schlüpft der Falter.

RASSE Eine Unterart des Schmetterlings, die in einer definierten und oft isolierten geographischen Region vorkommt.

RAUPE Das Jungendstadium im Lebenszyklus des Schmetterlings, das dem Ei folgt und mit der Puppe endet.

SAUGRÜSSEL Die zusammengerollte, aber ausstreckbare Röhre, durch die der Falter Nektar saugt.

TARNKLEID Zeichnung, mit der der Falter getarnt ist, wenn er ruht, etwa auf einem Blatt oder auf Baumrinde.

THORAX Der mittlere Teil des Insektenkörpers, an dem Beine und Flügel ansetzen.

UNTERART Eine Gruppe von Individuen, die sich im Aussehen deutlich vom Rest der Art unterscheiden und oft geographisch getrennt von Mitgliedern derselben Art vorkommen.

VERGESELLSCHAFTUNG Eine Wechselbeziehung zwischen einigen Bläulingsarten und Ameisen. Die Raupen geben ein zuckerreiches Sekret an die Ameisen ab und erhalten dafür Schutz durch ihre Wirte; manche Arten werden mit Ameisenlarven gefüttert.

VERPUPPUNG Der Umwandlungsprozess, bei dem die Raupe zur Puppe wird.

WANDERFALTER Eine Tag- oder Nachtfalterart, bei der ein Teil der Population über weite Strecken wandert; die Wanderungen sind zum Teil jahreszeitlich bedingt und erfolgen in eine bestimmte Richtung.

WINTERSTARRE Die Ruhephase, die während der Wintermonate stattfindet.

ZELLE Ein Feld auf dem Flügel des Schmetterlings, das von Adern begrenzt ist.

Register

R

S

Anmerkung:
Die Schreibung der deutschen Schmetterlings-Namen folgt i. d. R. der in der Fachliteratur häufigsten Schreibweise. Die Schreibung der deutschen Pflanzen-Namen folgt dem *Zander – Handwörterbuch der Pflanzennamen* (17. Auflage, Stuttgart 2002).

Dank

DORLING KINDERSLEY dankt Bridget Lloyd-Jones für Bildverwaltung und -bearbeitung, Erin Richards für organisatorische Hilfe und Dr. Otakar Kudrna für die Erlaubnis, die Karten in seinem Werk *The Distribution Atlas of European Butterflies* als Grundlage für die Karten in diesem Buch zu verwenden.

BILDNACHWEIS
Bildarchiv: Richard Dabb, Claire Bowers
Abkürzungen: o = oben, u = unten, m = Mitte, g = ganz, l = links, r = rechts

Andrew Mackay: 33 ul, mlu; 40 mlo; 42 mol, mlo; 49 umr, mur; 57 mor, mro; 72 mul; 98 mro; 99 mlu; 100 mlu, mro; 108 mur, mru; 111 mgl, mlo; 120 mlu; 123 mlu, mro; 127 mor, mr; 128 mul, mro; 131 ul; 134 mru; 152 mro; 153 mur; 154 lo; 155 mlo, mru; 156 mlo; 157 ul, mur; 160 ul; 164 ur; 169 mo; 171 mur; 172 mol, mlo; 182 mru; 183 ul; 184 mu; 187 mor; 189 mlu; 191 mlo; 192 ul; 193 ur, mo; 195 mlo; 205 ul; 213 mor; 214 mo.
Chris Gibson: 151 umr, ur, mo; 152 mur, mlu; 155 mul; 158 mol; 160 mol; 161 mur; 162 mur; 163 umr, mor; 168 ul, mur; 174 mr; 177 mur; 179 ul; 180 mru; 182 mlo; 183 mu; 185 mlu; 187 mol; 189 mlo; 191 ur; 192 mru; 195 umr; 197 mu; 199 mor; 201 ul; 206 mol; 207 mor, mu; 209 mol; 210 mr; 212 mru; 213 mgl; 215 mlo; 216 mur.
Diego Reggianti: 14 ur; 25 mlo; 51 ul; 54 ur; 96 mol, mro; 123 mol; 137 ur.
Ilaria Pimpinelli: 14 ul; 15 ul; 20 mur; 29 umr; 30 mr; 31 mor; 32 mlu; 41 mul; 43 ml; 78 umr; 101 mor; 112 mol; 115 ul.
Jeff Higgott: 152 mo; 194 mru.
Jens Schou: 14 ul; 15 ul; 20 mur; 29 umr; 30 mr; 31 mor; 32 mlu; 41 mul; 43 ml; 78 umr; 101 mor; 112 mol; 115 ul; 153 mo, mor; 154 ul, mor, mru; 155 mo; 156 mor; 157mlo ; 161 mor, mro; 163 mlo; 164 mlo; 165 mru; 166 mol, mro; 167 mlo; 168 mro; 169 mlo; 170 mol, mur, mlo; 179 mlo; 183 mlo; 186 mur, mru; 190 mol, mlo; 191 mlu; 196 mur; 199 mlu; 203 mlo.
Mario Maier: 17 mo, mlu; 18 mol; 23 mgl; 24 mol; 25 ul, mu; 27 umr, mol; 30 mor; 32 ul, or; 35 umr, mul; 40 mru; 44 mul; 45 mlu; 46 mul; 47 mor; 49 mul, mlo; 50 mol; 51 mor, mlu; 56 mur; 57 ul; 59 mur; 60 mur; 61 mlo; 67 mor, mu; 68 mol, mul; 71 mo; 72 mur; 74 mo; 75 mur, mlo; 76 mo, mul; 80 mul, mru; 82 ul; 83 mul; 85 umr, mo; 87 mor, mlo; 88 mo, mul; 90 mu; 91 mur; 93 mur, mlu; 94 mol, mur; 106 mul; 107 ul, mur, mlo; 108 uml; 111 ur, mu; 120 umr; 125 mro; 126 mol, mor; 130 mol, mor, mro; 135 mur; 136 uml, mru; 138 mu; 144 mor; 147 mor, mr; 148 mul; 149 ul.
Neil Fletcher: 15 or; 16 mgl; 17 or; 19 or; 22 mgl; 27 mgr; 31 or; 33 mgr; 37 mgr; 38 ol; 39 or; 41 or; 43 or; 44 ol; 46 ol; 50 ol; 53 or; 54 ol; 63 or; 66 mgl; 82 ol; 86 ol; 87 or; 88 ol; 92 ol; 93 mgr; 97 or; 121 or; 126 ol; 147 or; 152 mgl; 153 or; 167 or; 183 or; 200 mlu; 216 ol.
Paolo Mazzei: 21 mu; 24 ml; 27 mor, mro; 28 mro; 29 mor, mlu; 34 mu; 60 ml; 61 mur, mgl; 66 mru; 69 mo; 73 mo, mro; 75 ul; 77 ur, mor, mu, mlo; 81 mo; 82 mor, mu; 83 or, mr; 84 mro; 86 mo, mul; 91 mo; 92 mu; 93 ul; 95 mlu; 101 mol; 106 mo; 109 mur; 117 ur; 118 mro; 121 ul, mo, mlu; 122 mro, mru; 130 mul; 133 mlo, mlu; 135 mlo; 136 mol, mro, or; 139 mor, mlo; 141 umr, mor, mlu, mlo; 142 mor, mlo; 145 uml, mgl, mlo; 149 mor, mlo; 150 mo, mro, mru; 151 uml; 156 ul, mru; 157 mor; 158 mu; 162 ml; 163 mul; 164 mor; 165 ul, mlo; 166 mur; 167 umr; 171 mol, mro; 173 mo, mgl, mlu; 176 mol, mor, mul, mur, mgl, mlo, mru; 177 mo; 178 mur; 179 mo, mur, mlu; 180 mor, mul, mlo; 181 mor, mu; 182 mor, mul; 183 mo; 184 mol; 185 mo; 187 mu; 188 mu; 191 mor, mgl; 192 mor, mur; 193 mul, mru; 194 uml, mor; 195 mor, mul; 197 mo; 198 mur; 199 mu; 200 ul, mol, mur; 201 mol, mur; 202 mo; 203 mu; 204 mur; 205 mo; 206 mor, mu, mru; 208 mu; 209 ur, mul, mru; 210 mor, mu; 211 mo, mlu; 212 ul; 213 mur, mlo; 214 mur; 215 mor, mru; 216 mo.
Rob Petley-Jones: 164 mul.
Simon Curson: 159 mo; 160 mur, mro; 161 mol, mlu; 163 mur; 165 mor; 167 mor, mlu; 168 mol, mlu; 169 ul, mur, mlu; 172 mu; 174 mol; 176 mlo; 177 mul; 181 mr; 185 ul; 186 ul, mo, mlo; 188 mol, ml; 189 mor; 190 mu; 193 mlo; 196 mol; 197 mlo, mlu; 198 ul, mol, mlu; 199 mlo; 201 mor; 204 ml; 208 mro; 211 mgl; 212 mlo.
Ted Benton: 14 uml, umr, mo; 15 mro, mru, mgr; 18 ur, mor, mul, mlo, mru; 19 umr, mor, mul, mur, mlo; 20 ml, ol; 21 mgr, or; 22 ol, uml, mol, mor, mru; 23 mo, mlu; 24 mu; 25 mo, mlu; 26 uml, mol, mro, mru; 27 mul; 28 uml, mol, mor, mru; 29 mo, mro; 30 mul; 31 mul, mr; 32 mol, mur, mro; 33 mor, mur, mlo; 34 mol; 35 mo, mur, mlo; 36 mo, mu; 37 mor, mur, mlo; 39 mor, mul, mr; 40 uml, mor; 41 mor, mr; 42 uml, mor, mur; 43 mor, mr; 44 mo; 45 mr; 46 mo; 47 mul, mr; 48 mor, mul, mr; 49 mor; 50 mgl; 51 mol, mur; 52 mo, mul; 53 mor, mu; 54 mor, mul, mlo; 55 mor, mul; 56 mo; 57 mol, mur, mlu; 58 mol, mur, mr; 59 ul, mo, mor, mu, mro; 60 mol; 61 ul, mor; 62 uml, mol, mul, mur, mro; 63 ul, mol, mor, mur, mlu; 64 mol, mu; 65 umr, mo; 66 mol, mor, mul; 68 mur, mro; 69 umr, mur; 70 mol, mul, mur, mro; 71 mur; 72 uml, mol, mro; 73 umr, mlu; 74 mur; 75 mor; 78 mol, mul, mro; 79 umr, mor, mul, mur, mlo; 80 mol, mor; 81 mlu; 84 umr, mol, mul; 87 ur, mul; 89 mor, mu; 90 mol; 92 mol, ml; 95 mo; 96 ur, mor, mul; 97 mu; 98 umr, mo, mul; 99 mor, umr; 100 umr, mol; 101 mur, mlu; 102 uml, mol, mul, mur, mro; 103 mur, mgl, mlo; 104 mo, mur, mr; 105 uml, mo, mol, mlo; 106 uml; 107 mol, mor; 108 mor; 109 mul; 110 mor, mu, mr; 111 mor; 112 mu; 113 umr, mol, mlu, mro; 114 ur, mol, mul, mro; 115 mor, mur, mlo; 116 uml, mol, mro, mru; 117 mor, mu, mlo; 118 mol, mul, mur; 119 ul, mor, mur, mlo; 120 mol, mro; 122 umr, mo; 123 or, mur; 124 uml, mor, mlo, mru; 125 ul, mo, mur, umr; 126 mro; 127 umr, mol; 128 umr, mol; 129 mo; 130 mur; 131 mo, mu, mro; 132 uml, mol, mor, mru; 133 umr, mor; 134 uml, mol, mor; 135 uml, mor; 137 mlu; 138 ur, mol; 139 ul, mur; 140 mol, mul, mur, mro; 142 mul, mru; 143 mor, mu, mr; 144 ur, mol, mul, mru; 145 mor, mu; 146 mo, mul; 147 mu; 148 mo; 149 mu; 150 uml; 153 ul; 166 ul; 178 mol; 189 umr; 208 mol; 212 mro; 215 mul.
Tero Piirainen: 108 mol; 109 mol, mor, mlo; 138 mgr.